C.H.BECK ■ **WISSEN**

in der Beck'schen Reihe

Der Klimawandel ist – nicht zuletzt nach der einzigartigen Serie verheerender Wetterextreme der letzten zehn Jahre – in aller Munde. Angesichts seiner einschneidenden und globalen Bedeutung für Natur und Zivilisation ist das kein Wunder. Doch was ist eigentlich unter Klimawandel zu verstehen, und welche Faktoren sind für das Klima verantwortlich? Zwei international anerkannte Klima-Experten geben einen kompakten und verständlichen Überblick über den derzeitigen Stand unseres Wissens und zeigen Lösungswege auf.

Stefan Rahmstorf leitet die Abteilung Erdsystemanalyse am Potsdam-Institut für Klimafolgenforschung, ist Professor für Physik der Ozeane an der Universität Potsdam und berät die Bundesregierung als Mitglied des Wissenschaftlichen Beirats Globale Umweltveränderungen (WBGU).

Hans Joachim Schellnhuber ist Gründer und Direktor des Potsdam-Instituts für Klimafolgenforschung und Physik-Professor an den Universitäten Potsdam sowie am Santa Fe Institute in New Mexico. Er ist Vorsitzender des WBGU und des Climate-KIC des European Institute of Innovation & Technology (EIT).

Stefan Rahmstorf
Hans Joachim Schellnhuber

DER KLIMAWANDEL

Diagnose, Prognose, Therapie

Verlag C. H. Beck

Mit 25 Abbildungen und 2 Tabellen

1. Auflage. 2006
2., durchgesehene Auflage. 2006
3., aktualisierte Auflage. 2006
4. Auflage. 2007
5., aktualisierte Auflage. 2007
6. Auflage. 2007

7., vollständig überarbeitete und aktualisierte Auflage. 2012

Originalausgabe
© Verlag C.H.Beck oHG, München 2006
Satz: Fotosatz Amann, Aichstetten
Druck und Bindung: Druckerei C.H.Beck, Nördlingen
Umschlagentwurf: Uwe Göbel, München
Printed in Germany
ISBN 978 3 406 63385 0

www.beck.de

Inhalt

Einleitung   7

1. Aus der Klimageschichte lernen   9
Klimaarchive   9
Was bestimmt das Klima?   12
Die Frühgeschichte der Erde   14
Klimawandel über Jahrmillionen   17
Eine plötzliche Warmphase   18
Die Eiszeitzyklen   20
Abrupte Klimawechsel   23
Das Klima des Holozän   25
Einige Folgerungen   28

2. Die globale Erwärmung   29
Etwas Geschichte   29
Der Treibhauseffekt   30
Der Anstieg der Treibhausgaskonzentration   33
Der Anstieg der Temperatur   36
Die Ursachen der Erwärmung   38
Die Klimasensitivität   42
Projektionen für die Zukunft   46
Wie sicher sind die Aussagen?   50
Zusammenfassung   52

3. Die Folgen des Klimawandels   54
Der Gletscherschwund   56
Rückgang des arktischen Meer-Eises   58
Tauen des Permafrosts   60
Die Eisschilde in Grönland und der Antarktis   60
Der Anstieg des Meeresspiegels   63
Änderung der Meeresströmungen   67

Wetterextreme	70
Auswirkungen auf Ökosysteme	75
Landwirtschaft und Ernährungssicherheit	78
Ausbreitung von Krankheiten	79
Zusammenfassung	80

4. Klimawandel in der öffentlichen Diskussion 82

Die Klimadiskussion in den USA	83
Die Lobby der «Klimaskeptiker»	85
Zuverlässige Informationsquellen	86
Zusammenfassung	89

5. Die Lösung des Klimaproblems 91

Vermeiden, Anpassen oder Ignorieren?	91
Gibt es den optimalen Klimawandel?	94
Globale Zielvorgaben	98
Der Gestaltungsraum für Klimalösungen	101
Das Kyoto-Protokoll oder Die Händler der vier Jahreszeiten	102
Der WBGU-Pfad zur Nachhaltigkeit	108
Anpassungsversuche	120
Die Koalition der Freiwilligen oder «Leading by Example»	127
Epilog: Der Geist in der Flasche	133
Quellen und Anmerkungen	136
Literaturempfehlungen	143
Sachregister	143

Einleitung

Der Klimawandel ist kein rein akademisches Problem, sondern hat große und handfeste Auswirkungen auf die Menschen – für viele ist er sogar eine Bedrohung für Leib und Leben (siehe Kap. 3). Gegenmaßnahmen erfordern erhebliche Investitionen. Deshalb ist es noch wichtiger als in den meisten anderen Bereichen der Wissenschaft, immer wieder die Belastbarkeit der gegenwärtigen Kenntnisse zu hinterfragen und die verbleibenden Unsicherheiten zu beleuchten. Fragen wir daher, worauf die Erkenntnisse der Klimatologen beruhen.

Viele Menschen glauben, dass die Bedrohung durch den globalen Klimawandel eine theoretische Möglichkeit ist, die sich aus unsicheren Modellberechnungen ergibt. Gegenüber solchen Modellrechnungen haben sie ein verständliches Misstrauen – schließlich ist ein Klimamodell für den Laien undurchschaubar und seine Verlässlichkeit kaum einzuschätzen. Manch einer glaubt gar, wenn die Computermodelle fehlerhaft sind, dann gibt es vielleicht gar keinen Grund zur Sorge über den Klimawandel.

Dies trifft jedoch nicht zu. Die wesentlichen Folgerungen über den Klimawandel beruhen auf Messdaten und elementarem physikalischen Verständnis. Modelle sind wichtig und erlauben es, viele Aspekte des Klimawandels detailliert durchzurechnen. Doch auch wenn es gar keine Klimamodelle gäbe, würden Klimatologen vor dem anthropogenen Klimawandel warnen.

Der Anstieg der Treibhausgase in der Atmosphäre ist eine gemessene Tatsache, die selbst Skeptiker nicht anzweifeln. Auch die Tatsache, dass der Mensch dafür verantwortlich ist, ergibt sich unmittelbar aus Daten – aus den Daten unserer Nutzung der fossilen Energien – und unabhängig davon nochmals aus Isotopenmessungen. Wie außerordentlich dieser Anstieg ist, zeigen die Daten aus den antarktischen Eisbohrkernen – niemals zumindest seit fast einer Million Jahre war die CO_2-Konzentration auch nur annähernd so hoch, wie sie in den letzten hundert Jahren geklettert ist.

Die erwärmende Wirkung des CO_2 auf das Klima wiederum ist seit mehr als hundert Jahren akzeptierte Wissenschaft. Die Strahlungswirkung des CO_2 ist im Labor vermessen, der Strahlungstransfer in der Atmosphäre ein bestens bekannter, ständig bei Satellitenmessungen verwendeter Aspekt der Physik. Die durch den Treibhauseffekt erwartete Zunahme der an der Erdoberfläche ankommenden langwelligen Strahlung wurde 2004 durch Messungen des Schweizer Strahlungsmessnetzes belegt.[1] Über die Störung des Strahlungshaushaltes unseres Planeten durch den Menschen kann es daher – man möchte hinzufügen: leider – keinen Zweifel geben.

Entscheidend ist letztlich die Frage: Wie stark reagiert das Klimasystem auf diese Störung des Strahlungshaushaltes? Modelle sind hier sehr hilfreich. Arrhenius hat jedoch 1896 gezeigt, dass man dies auch mit Papier und Bleistift abschätzen kann,[2] und die antarktischen Eiskerne erlauben eine davon unabhängige Abschätzung mittels Regressionsanalyse direkt aus Daten.[3] Auch die frühere Klimageschichte deutet, wie wir sehen werden, auf eine stark klimaverändernde Wirkung des CO_2 hin.

Auch die Tatsache, dass das Klima sich derzeit bereits verändert, ergibt sich direkt aus Messungen – die Jahre 2010, 2005 und 1998 waren laut der meteorologischen Weltorganisation WMO in Genf die drei global wärmsten seit Beginn der Aufzeichnungen im 19. Jahrhundert. Die Gletscher gehen weltweit zurück (siehe Kap. 3), und Proxy-Daten zeigen, dass das Klima im ersten Jahrzehnt des 21. Jahrhunderts wahrscheinlich so warm war wie nie zuvor seit mindestens tausend Jahren.

Ohne detaillierte Klimamodelle wären wir etwas weniger sicher, und wir könnten die Folgen weniger gut abschätzen – aber auch ohne diese Modelle würde alle Evidenz sehr stark darauf hindeuten, dass der Mensch durch seine Emissionen von CO_2 und anderen Gasen im Begriff ist, das Klima einschneidend zu verändern.

1. Aus der Klimageschichte lernen

Das Klima unseres Heimatplaneten hat immer wieder spektakuläre Wandlungen durchgemacht. In der Kreidezeit (vor 140 bis 65 Millionen Jahren) stapften selbst in arktischen Breiten riesige Saurier durch subtropische Vegetation, und der CO_2-Gehalt der Atmosphäre war ein Vielfaches höher als heute. Dann kühlte sich die Erde langsam ab und pendelt nun seit zwei bis drei Millionen Jahren regelmäßig zwischen Eiszeiten und Warmzeiten hin und her. In den Eiszeiten drangen gigantische Gletscher bis weit nach Deutschland hinein vor, und unsere Vorfahren teilten sich die eisige Steppe mit dem pelzigen Mammut. Mitten in der jetzigen Warmzeit, dem seit 10 000 Jahren herrschenden Holozän, trocknete plötzlich die Sahara aus und wurde zur Wüste.

Nur vor dem Hintergrund der dramatischen Klimaveränderungen der Erdgeschichte lässt sich der gegenwärtige Klimawandel verstehen und einordnen. Ist er durch den Menschen wesentlich mit verursacht, oder ist er Teil natürlicher Klimazyklen? Zur Beantwortung dieser Frage brauchen wir ein Grundverständnis der Klimageschichte. Wir beginnen das Buch deshalb mit einer Zeitreise. In diesem Kapitel diskutieren wir, wie sich das Klima auf unterschiedlichen Zeitskalen entwickelt hat: von Hunderten von Jahrmillionen bis zu den abrupten Klimasprüngen, die in jüngster Zeit die Klimaforscher beschäftigen. Vor allem wird uns dabei interessieren, welche Kräfte für die Klimaänderungen verantwortlich sind und was sich aus der Reaktion des Klimasystems in der Vergangenheit lernen lässt.

Klimaarchive

Woher wissen wir überhaupt etwas über das Klima vergangener Epochen? Manche Zeugen früherer Klimawechsel stehen unübersehbar in der Landschaft – zum Beispiel die Endmoränen längst abgeschmolzener Gletscher. Das meiste Wissen über die Geschichte des Erdklimas ist jedoch das Ergebnis einer mühsamen Detektivarbeit mit ständig verfeinerten Methoden. Wo immer sich etwas über längere Zeiträume ablagert oder aufbaut – seien es Sedimente am Meeresgrund, Schneeschichten auf Gletschern, Stalaktiten in Höhlen oder Wachstumsringe in Korallen und Bäumen –, finden Forscher Möglichkeiten und Methoden, daraus Klimadaten zu gewinnen. Sie bohren jahrelang durch das massive Grönland-Eis bis zum Felsgrund oder ziehen aus tausenden Metern Wassertiefe Sedimentkerne, sie analysieren mit empfindlichsten Messgeräten die Isotopenzusammensetzung von Schnee oder bestimmen und zählen in monatelanger Fleißarbeit unter dem Mikroskop winzige Kalkschalen und Pflanzenpollen.[4]

Am Beispiel der Eisbohrkerne lässt sich das Grundprinzip gut verstehen. Gigantische Gletscher, Eispanzer von mehreren tausend Metern Dicke, haben sich in Grönland und der Antarktis gebildet, weil dort Schnee fällt, der aufgrund der Kälte aber nicht wieder abtaut. So wachsen die Schneelagen immer mehr in die Höhe; der ältere Schnee darunter wird durch das Gewicht der neuen Schneelast zu Eis zusammengepresst. Im Laufe der Jahrtausende stellt sich ein Gleichgewicht ein: Die Eismasse wächst nicht mehr in die Höhe, weil das Eis zu den Rändern hin und nach unten abzufließen beginnt. Im Gleichgewicht wird jährlich genauso viel Eis neu gebildet wie an den Rändern abschmilzt. Letzteres geschieht entweder an Land, wenn das Eis in niedrigere und damit wärmere Höhenlagen hinuntergeflossen ist – dies ist bei Gebirgsgletschern der Fall und auch typisch für den grönländischen Eisschild. Oder es geschieht, indem das Eis bis ins Meer fließt, dort ein schwimmendes Eisschelf bildet und von unten durch wärmeres Seewasser abgeschmolzen wird – so geschieht es um die Antarktis herum.

Bohrt man einen solchen Eisschild an, dann findet man mit zunehmender Tiefe immer älteres Eis. Wenn die Schneefallmengen groß genug sind und einen deutlichen Jahresgang haben (wie in Grönland, wo durch den Schneefall jährlich eine 20 Zentimeter dicke neue Eisschicht entsteht), kann man sogar einzelne Jahresschichten erkennen. Denn in der Saison mit wenig Schneefall lagert sich Staub auf dem Eisschild ab, und es entsteht eine dunklere Schicht, während in der schneereichen Jahreszeit eine hellere Lage entsteht. Diese Jahresschichten kann man abzählen – dies ist die genaueste Datierungsmethode für das Eis.[5] In Grönland reicht das Eis ca. 120 000 Jahre in die Vergangenheit zurück. In der Antarktis, wo das Klima trockener und damit die Schneefallrate gering ist, hat das Europäische EPICA-Projekt im Jahr 2003 sogar über 800 000 Jahre altes Eis geborgen.[6]

An dem Eis kann man eine Vielzahl von Parametern messen. Einer der wichtigsten ist der Gehalt an Sauerstoff-Isotop 18. Bei vielen physikalischen, chemischen oder biologischen Prozessen findet eine so genannte Fraktionierung statt: Sie laufen für verschiedene Isotope unterschiedlich schnell ab. So verdunsten Wassermoleküle mit dem «normalen» Sauerstoff-16 schneller als die etwas schwereren mit Sauerstoff-18. Die Fraktionierung ist dabei abhängig von der Temperatur. Dies gilt auch für die Fraktionierung bei der Bildung von Schneekristallen – deshalb hängt der Gehalt an Sauerstoff-18 im Schnee von der Temperatur ab. Nach einer geeigneten Eichung kann man den Sauerstoff-18-Gehalt im Eisbohrkern als ein annäherndes Maß (als so genanntes Proxy) für die Temperatur zur Zeit der Entstehung des Schnees nehmen.

Andere wichtige Größen, die im Eis gemessen werden können, sind der Staubgehalt und die Zusammensetzung der in kleinen Bläschen im Eis eingeschlossenen Luft – so verfügt man sogar über Proben der damaligen Atmosphäre. Man kann daran den früheren Gehalt an Kohlendioxid, Methan und anderen Gasen bestimmen. Zu Recht berühmt ist der in den achtziger und neunziger Jahren in der Antarktis gebohrte französisch-russische Wostok-Eiskern,[7] mit dem erstmals eine genaue Geschichte des Temperaturverlaufs und der atmosphärischen CO_2-Konzentration der letzten 420 000 Jahre gewonnen wurde (Abb. 1.1).

Aus den verschiedenen Klimaarchiven werden mit einer Vielzahl von Verfahren ganz unterschiedliche Proxy-Daten gewonnen. Manche davon geben Auskunft über die Eismenge auf der Erde, über den Salzgehalt der Meere oder über Niederschlagsmengen. Diese Proxy-Daten haben unterschiedliche Stärken

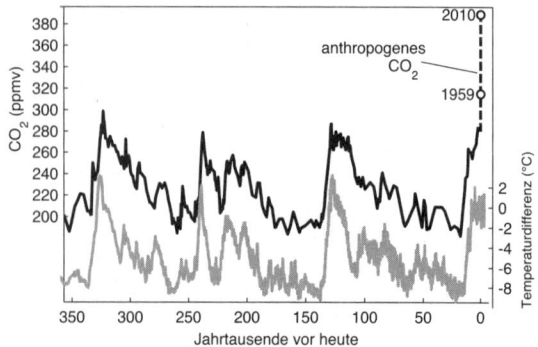

Abb. 1.1: Verlauf der Temperatur in der Antarktis (graue Kurve, Änderung relativ zu heute) und der CO_2-Konzentration der Atmosphäre (schwarze Kurve) über die abgelaufenen 350 000 Jahre aus dem Wostok-Eiskern.[7] Man erkennt drei Eiszeitzyklen. Am Ende ist der vom Menschen verursachte Anstieg des CO_2 gezeigt.

und Schwächen – so ist etwa bei Tiefseesedimenten die zeitliche Auflösung in der Regel deutlich geringer als bei Eiskernen, dafür reichen die Daten aber viel weiter zurück, bis zu Hunderten von Millionen Jahren. Bei vielen Proxies gibt es noch Probleme mit der genauen Datierung und Unsicherheiten in der Interpretation. Aus einer einzelnen Datenreihe sollten daher nicht zu weit reichende Schlüsse gezogen werden; erst wenn Ergebnisse durch mehrere unabhängige Datensätze und Verfahren bestätigt wurden, können sie als belastbar gelten. In ihrer Gesamtheit betrachtet liefern Proxy-Daten heute jedoch bereits ein erstaunlich gutes und detailliertes Bild der Klimageschichte.

Was bestimmt das Klima?

Unser Klima ist im globalen Mittel das Ergebnis einer einfachen Energiebilanz: Die von der Erde ins All abgestrahlte Wärmestrahlung muss die absorbierte Sonnenstrahlung im Mittel ausgleichen. Wenn dies nicht der Fall ist, ändert sich das Klima. Würde etwa mehr absorbiert als abgestrahlt, würde das Klima immer wärmer, so lange, bis die dadurch zunehmende Wärmestrahlung die ankommende Strahlung wieder ausgleicht und sich ein neues Gleichgewicht einstellt. Es gilt also ein einfacher Erhaltungssatz der Energie: Die auf der Erde ankommende Sonnenstrahlung abzüglich des reflektierten Anteils ist gleich der von der Erde abgestrahlten Wärmestrahlung. (Die durch Pflanzen zur Photosynthese «abgezweigte» Energie, der Wärmefluss aus dem Erdinnern und die vom Menschen freigesetzte Verbrennungswärme sind hier vernachlässigbar.) Ozean und Atmosphäre verteilen die Wärme innerhalb des Klimasystems und spielen für das regionale Klima eine wichtige Rolle.

Klimaänderungen sind die Folge von Änderungen in dieser Energiebilanz. Dafür gibt es drei grundsätzliche Möglichkeiten. Erstens kann die ankommende Sonnenstrahlung durch Änderungen in der Umlaufbahn um die Sonne oder in der Sonne selbst variieren. Zweitens kann der ins All zurückgespiegelte Anteil sich ändern. Diese so genannte Albedo beträgt im heutigen Klima 30%. Sie hängt von der Bewölkung und der Helligkeit der Erdoberfläche ab, also von Eisbedeckung, Landnutzung und Verteilung der Kontinente. Und drittens wird die abgehende Wärmestrahlung durch den Gehalt der Atmosphäre an absorbierenden Gasen (oft Treibhausgase genannt) und Aerosolen (also Partikeln in der Luft) beeinflusst – siehe Kapitel 2. All diese Möglichkeiten spielen beim Auf und Ab der Klimageschichte eine Rolle. Zu unterschiedlichen Zeiten dominieren dabei jeweils unterschiedliche Faktoren – welcher Einfluss für einen bestimmten Klimawandel verantwortlich ist, muss also von Fall zu Fall untersucht werden. Eine allgemeine Antwort – etwa dass generell entweder die Sonne oder das CO_2 Klimaveränderungen bestimmt ist nicht möglich.

Zum Glück ist die Berechnung von Klimagrößen (also Mittelwerten) einfacher als die Wettervorhersage, denn Wetter ist stochastisch und wird stark durch Zufallsschwankungen geprägt, das Klima dagegen kaum. Stellen wir uns einen Topf mit brodelnd kochendem Wasser vor: Wettervorhersage gleicht dem Versuch zu berechnen, wo die nächste Blase aufsteigen wird. Eine «Klimaaussage» wäre dagegen, dass die mittlere Temperatur kochenden Wassers bei Normaldruck 100 °C beträgt, im Gebirge auf 2500 Meter Höhe durch den geringeren Luftdruck (also bei veränderten Randbedingungen) dagegen nur 90 °C. Aus diesem Grund ist das quantitative Verständnis vergangener Klimaänderungen (oder die Berechnung von Zukunftsszenarien) kein aussichtsloses Unterfangen, und es wurden in den vergangenen Jahren große Fortschritte auf diesem Gebiet erzielt.

Die Frühgeschichte der Erde

Vor 4,5 Milliarden Jahren entstand aus einem interstellaren Nebel am Rande der Milchstraße unser Sonnensystem, einschließlich der Erde. Die Sonne in seinem Zentrum ist eine Art Fusionsreaktor: Die Energie, die sie abstrahlt, entspringt einer Kernreaktion, bei der Wasserstoffkerne zu Helium verschmolzen werden. Die Entwicklungsgeschichte anderer Sterne und das physikalische Verständnis des Reaktionsprozesses zeigen, dass die Sonne sich dabei allmählich ausdehnt und immer heller strahlt. Wie bereits in den 1950er Jahren von Fred Hoyle berechnet wurde, muss die Sonne zu Beginn der Erdgeschichte 25 bis 30 % schwächer gestrahlt haben als heute.[8]

Eine Betrachtung der oben erläuterten Energiebilanz zeigt, dass bei derart schwacher Sonne das Klima global ca. 20 °C kälter und damit deutlich unter dem Gefrierpunkt gewesen sein müsste, wenn die anderen Faktoren (Albedo, Treibhausgase) gleich geblieben wären. Die Albedo nimmt bei kälterem Klima allerdings deutlich zu, weil Eismassen sich ausdehnen – es wird also ein größerer Teil der Sonneneinstrahlung reflektiert. Außerdem nimmt der Gehalt der Atmosphäre an Wasserdampf, dem wichtigsten Treibhausgas, in einem kälteren Klima ab. Beide Faktoren hätten das frühe Klima noch kälter gemacht. Berechnungen zeigen, dass die Erde daher während der ersten 3 Milliarden Jahre ihrer Entwicklungsgeschichte komplett vereist gewesen sein müsste. Zahlreiche geologische Spuren belegen dagegen, dass während des größten Teils dieser Zeit fließendes Wasser vorhanden war. Dieser scheinbare Widerspruch ist als «faint young sun paradox» bekannt – das Paradoxon der schwachen jungen Sonne.

Wie lässt sich dieser Widerspruch auflösen? Wenn man die

obigen Annahmen und Argumente akzeptiert, gibt es nur einen Ausweg: der Treibhauseffekt (siehe Kap. 2) muss in der Frühgeschichte der Erde erheblich stärker gewesen sein, um die schwächere Sonneneinstrahlung auszugleichen.

Welche Gase könnten den stärkeren Treibhauseffekt verursacht haben? In Frage kommen vor allem Kohlendioxid und Methan.[8] Beide kamen in der frühen Erdatmosphäre wahrscheinlich in erheblich höherer Konzentration vor. Leider verfügen wir nicht über Proben der damaligen Luft (jenseits der Reichweite der Eisbohrkerne), sodass die Vorstellungen über die frühe Entwicklung der Erdatmosphäre stark auf Indizien und Modellannahmen beruhen. Klar ist jedoch: Beide Treibhausgase können das Problem lösen, ohne dass man unplausible Annahmen über die Konzentration machen müsste. Andererseits ist es kaum wahrscheinlich, dass die Treibhausgase durch Zufall über Jahrmilliarden gerade im richtigen Maße abgenommen haben, um die Zunahme der Sonneneinstrahlung auszugleichen.

Eine befriedigendere Erklärung als der Zufall wäre ein globaler Regelkreis, der – ähnlich wie ein Heizungsthermostat – die Konzentration der Treibhausgase reguliert hat. Klimawissenschaftler haben gleich mehrere solcher Regelkreise ausfindig machen können. Der wichtigste beruht auf dem langfristigen Kohlenstoffkreislauf, der über Zeiträume von Jahrmillionen die Konzentration von Kohlendioxid in der Atmosphäre reguliert. Durch Verwitterung von Gestein an Land (hauptsächlich im Gebirge) wird CO_2 aus der Atmosphäre gebunden und gelangt durch Sedimentation teilweise in die Erdkruste. Gäbe es keinen gegenläufigen Mechanismus, würde auf diese Weise im Lauf der Jahrmillionen alles CO_2 aus der Atmosphäre verschwinden und ein lebensfeindliches eisiges Klima entstehen. Zum Glück gibt es aber auch einen Weg, auf dem das CO_2 wieder in die Atmosphäre zurück gelangen kann: Da die Kontinente driften, wird der Meeresgrund mit seiner Sedimentfracht an manchen Stellen ins Erdinnere gedrückt. Bei den dort herrschenden hohen Temperaturen und Drücken wird das CO_2 freigesetzt und entweicht durch Vulkane zurück in die Atmosphäre. Da die Verwitterungsrate stark vom Klima abhängt, entsteht ein Regelkreis: Erwärmt sich das Klima, läuft auch die chemische Verwitterung schneller ab – dadurch wird CO_2 aus der Atmosphäre entfernt und einer weiteren Klimaerwärmung entgegengewirkt.

Dieser Mechanismus könnte erklären, weshalb sich das Klima trotz stark veränderter Sonnenhelligkeit nicht aus dem lebensfreundlichen Bereich bewegt hat.[8] Die Erdkruste (Gestein und Sedimente) enthält mit rund 66 Millionen Gigatonnen über hunderttausendmal mehr Kohlendioxid als die Atmosphäre (gegenwärtig 800 Gigatonnen), sodass dieser Regelkreis über ein fast unbegrenztes Reservoir an Kohlenstoff verfügen kann. Allerdings kann er schnellere Klimaänderungen nicht abdämpfen, dafür ist der Austausch von CO_2 zwischen Erdkruste und Atmosphäre viel zu langsam.

Die oben erwähnte verstärkende Eis-Albedo-Rückkopplung dagegen wirkt schnell, und so wurden in den letzten Jahren Belege dafür gefunden, dass sie in der Erdgeschichte mehrmals zu einer Katastrophe geführt hat: zu einer fast kompletten Vereisung unseres Planeten.[9] Die letzte dieser «Snowball Earth» genannten Episoden fand vor etwa 600 Millionen Jahren statt. Die Kontinente waren selbst in den Tropen mit Eispanzern bedeckt, die Ozeane mit einer mehrere hundert Meter dicken Eisschicht. Am Ende half der Kohlendioxid-Regelkreis der Erde wieder aus dem tiefgefrorenen Zustand heraus: Die CO_2-Senke der Atmosphäre (nämlich die Verwitterung) kommt unter dem Eis zum Erliegen, die Quelle (Vulkanismus) aber bleibt bestehen. So steigt die CO_2-Konzentration der Atmosphäre im Lauf von Jahrmillionen unaufhaltsam um ein Vielfaches an (möglicherweise bis zu einer Konzentration von 10 %), bis der Treibhauseffekt so stark wird, dass er die Eismassen zu schmelzen vermag, obwohl sie den Großteil des Sonnenlichts reflektieren. Ist das Eis weg, kommt die Erde vom Gefrierschrank in einen Backofen: Die extrem hohe CO_2-Konzentration führt zu Temperaturen bis zu 50 °C, bis sie allmählich wieder abgebaut wird. Die geologischen Daten zeigen tatsächlich, dass auf die Schneeball-Episoden eine Phase großer Hitze folgte. Manche Biologen sehen in dieser Klimakatastrophe die Ursache für die dann folgende Evolution der großen Vielfalt moderner Lebensformen – bis dahin hatte für Jahrmilliarden lediglich primitiver Schleim die Erde beherrscht.

Klimawandel über Jahrmillionen

Betrachten wir nun die Zeit nach diesen Katastrophen: die letzte halbe Milliarde Jahre. Je mehr wir uns der Gegenwart nähern, desto mehr Informationen haben wir über die Bedingungen auf der Erde. Über die letzten 500 Millionen Jahre ist die Position von Kontinenten und Ozeanen bekannt, und aus Sedimenten lässt sich für diesen Zeitraum das Auf und Ab des Klimas zumindest grob rekonstruieren. Kaltphasen mit Eisbedeckung wechseln sich mit eisfreien warmen Klimaphasen ab.

Auch über den Verlauf der CO_2-Konzentration in der Atmosphäre gibt es für diesen Zeitraum Abschätzungen aus Daten (Abb. 1.2). Man geht davon aus, dass diese Schwankungen im CO_2-Gehalt der Atmosphäre durch den oben geschilderten langsamen Kohlenstoffkreislauf verursacht werden. Denn die Geschwindigkeiten, mit denen die Kontinente driften, sind nicht konstant: In unregelmäßigen Abständen kollidieren Kontinente miteinander und türmen dabei hohe Gebirge auf – dadurch wird die Rate der Verwitterung stark beschleunigt. So kommt es zu Schwankungen in der Rate, mit der CO_2 aus der Erdkruste in die Atmosphäre freigesetzt und mit der es wieder aus der Atmosphäre entfernt wird. Dadurch variiert auch die Konzentration von CO_2 in der Luft.

Die Daten zeigen zwei Phasen mit niedrigem CO_2-Gehalt: die jüngere Klimageschichte der vergangenen Millionen Jahre und einen Zeitraum vor etwa 300 Millionen Jahren. Ansonsten lag der CO_2-Gehalt zumeist wesentlich höher, über 1000 ppm (parts per Million). Abbildung 1.2 zeigt auch die Verbreitung von Eis auf der Erde, die sich aus geologischen Spuren rekonstruieren lässt. Größere Eisvorkommen fallen dabei zusammen mit Zeiten niedriger CO_2-Konzentration. Zu Zeiten hoher CO_2-Konzentration war die Erde weitgehend eisfrei.

Eine solche warme Phase ist die Kreidezeit 140 bis 65 Millio-

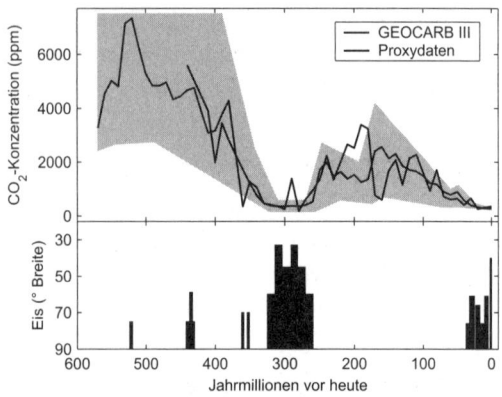

Abb. 1.2: Verlauf von CO2-Konzentration und Klima über die abgelaufenen 600 Millionen Jahre. Die schwarze Kurve zeigt eine Rekonstruktion aus vier unabhängigen Typen von Proxy-Daten. Die graue Kurve (mit dem grauen Unsicherheitsbereich) ergibt sich aus einer Modellsimulation des Kohlenstoffkreislaufs. Der untere Teil der Grafik zeigt, als Hinweis auf das Klima, bis zu welchem Breitengrad Kontinental-Eis auf der Erde vordrang. Phasen mit niedrigem CO2-Gehalt der Atmosphäre fallen mit Vereisungsphasen zusammen. (Quelle: Royer et al. 2004[10])

nen Jahre vor heute. Damals lebten Dinosaurier selbst in polaren Breitengraden – dies zeigen archäologische Funde z. B. aus Spitzbergen and Alaska.[11] Seither ist der CO_2-Gehalt der Atmosphäre langsam, aber stetig abgesunken, bis die Erde vor zwei bis drei Millionen Jahren in ein neues Eiszeitalter geriet, in dem wir bis heute leben. Selbst in den relativ warmen Phasen dieses Eiszeitalters, wie im derzeitigen Holozän, verschwindet das Eis nicht ganz: Die Pole der Erde bleiben eisbedeckt. In den Kaltphasen des Eiszeitalters breiteten sich dagegen gigantische Eispanzer auf den großen Kontinenten des Nordens aus.

Eine plötzliche Warmphase

Die allmähliche Abkühlung der letzten 100 Millionen Jahre geschah jedoch nicht gleichförmig und ungestört: Vor 55 Millionen Jahren wurde sie durch ein dramatisches Ereignis unterbrochen, das so genannte Temperaturmaximum an der Grenze vom

Paläozän zum Eozän (im Fachjargon PETM – Paleocene-Eocene Thermal Maximum).[12] Dieses Ereignis wird unter Klimaforschern in den letzten Jahren viel diskutiert, da es einige Parallelen zu dem aufweist, was der Mensch derzeit verursacht.

Was wissen wir über dieses Ereignis? Kalkschalen aus Sedimenten verraten uns zweierlei: erstens, dass eine große Menge Kohlenstoff in kurzer Zeit in die Atmosphäre gelangte, und zweitens, dass die Temperatur um ca. 5 bis 6 °C anstieg (Abb. 1.3). Auf die Freisetzung von Kohlenstoff kann geschlossen werden, weil sich die Isotopenzusammensetzung des atmosphärischen Kohlenstoffs veränderte. Dass die Konzentration des Isotops C-13 sprunghaft abnahm, lässt sich nämlich nur damit erklären, dass eine Menge Kohlenstoff mit einem niedrigen C-13-Gehalt der Atmosphäre beigemischt wurde. Dies geschah innerhalb von tausend Jahren oder weniger (was sich wegen der geringen Auflösung der Sedimentdaten nicht genauer feststellen lässt). Die Quelle von solchem Kohlenstoff könnten Methaneisvorkommen am Meeresgrund gewesen sein, so genannte Hydrate, ein Konglomerat aus gefrorenem Wasser und Gas, das ähnlich wie Eis aussieht. Methanhydrat ist nur bei hohem Druck und niedrigen Temperaturen stabil. Möglicherweise könnte ein Hydratvorkommen instabil geworden sein, und in einer Kettenreaktion wäre dann durch die damit verbundene Erwärmung immer mehr Hydrat freigesetzt worden. Es gibt aber auch andere Möglichkeiten: die Freisetzung von Kohlendioxid aus der Erdkruste durch starke Vulkanaktivität oder den Einschlag eines Meteoriten.

Wenn man wüsste, wie stark sich die atmosphärische Konzentration der Treibhausgase durch diese Freisetzung verändert hat, dann könnte man etwas darüber lernen, wie stark der dadurch verursachte Treibhauseffekt war. Im Prinzip könnte man dies auch aus den Isotopendaten berechnen – aber nur, wenn der C-13-Gehalt des zugefügten Kohlenstoffs bekannt wäre. Leider hat jede der drei oben genannten möglichen Quellen – Methan-Eis, vulkanischer Kohlenstoff, Meteoriten – eine andere charakteristische Kohlenstoffzusammensetzung. Daher sind quantitative Folgerungen nach dem heutigen Forschungsstand noch nicht möglich – die Spurensuche geht weiter.

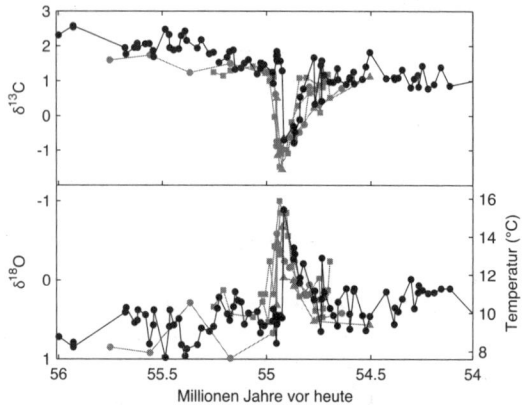

Abb. 1.3: Eine abrupte Klimaerwärmung vor 55 Millionen Jahren. Die oberen Kurven (aus mehreren Sedimentkernen) zeigen die plötzliche Abnahme des Anteils des Isotops C-13 in der Atmosphäre, die unteren Kurven die gleichzeitige Zunahme der Temperatur. (Quelle: Zachos 2001[12])

Doch eines ist bereits heute klar: Das PETM zeigt, was passieren kann, wenn große Mengen Kohlenstoff in die Atmosphäre gelangen. Das Klima kann sich rasch um mehrere Grad erwärmen, ganz ähnlich wie es auch durch die derzeit ablaufende Freisetzung von Kohlenstoff aus der Erdkruste durch den Menschen erwartet wird.

Die Eiszeitzyklen

Wir bewegen uns nun noch näher an die jüngere Vergangenheit heran und betrachten die letzten ein bis zwei Millionen Jahre der Klimageschichte. Die Geographie der Erde sieht für uns in dieser Zeit vertraut aus: Die Position der Kontinente und Ozeane und die Höhe der Gebirgszüge entsprechen der heutigen Situation. Auch Tiere und Pflanzen sind uns weitgehend vertraut, auch wenn etliche der damals lebenden Arten (wie das Mammut) inzwischen ausgestorben sind. Der Mensch geht bereits seinen aufrechten Gang. Vor 1,6 Millionen Jahren findet man *Homo erectus* in Afrika und in Südostasien. Vor 400 000 Jahren lebten mehrere Arten von Hominiden, unter ihnen Neandertaler und Vorläufer des *Homo sapiens*, auch in Europa.

Das Klima dieser Zeit ist geprägt von zyklisch wiederkehrenden Eiszeiten, die vor zwei bis drei Millionen Jahren begannen – sehr wahrscheinlich deshalb, weil seit der Kreidezeit die Konzentration von CO_2 in der Atmosphäre langsam, aber stetig abgesunken war (Abb. 1.2). Die bislang letzte dieser Eiszeiten erreichte vor rund 20 000 Jahren ihren Höhepunkt – zu der Zeit waren unsere Vorfahren bereits moderne Menschen, *Homo sapiens*, sie schufen Werkzeuge und die Höhlenmalereien von Lascaux, sie dachten und kommunizierten ähnlich wie wir. Aber sie mussten mit einem viel harscheren und unstetigeren Klima zurande kommen als die heutigen Menschen.

Die Ursache der Eiszeitzyklen gilt heute als weitgehend aufgeklärt: Es sind die so genannten Milankovitch-Zyklen in der Bahn unserer Erde um die Sonne (Abb. 1.4). Angefangen mit den Arbeiten des belgischen Mathematikers Joseph Adhemar in den 1840er Jahren, hatten Forscher darüber spekuliert, dass Schwankungen der Erdumlaufbahn und die dadurch veränderte Sonneneinstrahlung im Zusammenhang stehen könnten mit dem Wachsen und Abschmelzen von Kontinentaleismassen. Im frühen 20. Jahrhundert wurde diese Theorie dann durch den serbischen Astronomen Milutin Milankovitch genauer ausgearbeitet.[13] Die dominanten Perioden der Erdbahnzyklen (23 000, 41 000, 100 000 und 400 000 Jahre) treten in den meisten langen Klimazeitreihen deutlich hervor.[4]

In den letzten Eiszeitzyklen haben die Kaltphasen meist viel länger angehalten (~90 000 Jahre) als die Warmphasen

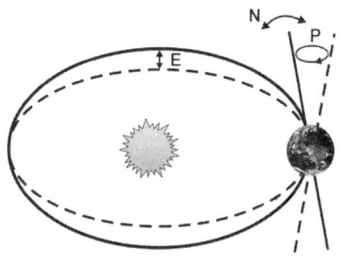

Abb. 1.4: Schwankungen in der Erdbahn um die Sonne verursachen die Eiszeitzyklen. E: Variation der Exzentrizität der Erdbahn. N: Variation des Neigungswinkels der Erdachse. P: Präzession der Äquinoctien.

(~ 10 000 Jahre). Wenn das für unser Holozän auch gälte, müsste es bald zu Ende sein. Man geht dennoch heute davon aus, dass unsere Warmzeit noch sehr lange anhalten wird. Besonders lange Warmzeiten gibt es immer dann, wenn die Erdbahn in einem Exzentrizitätsminimum (also fast kreisrund) ist, wie zuletzt vor 400 000 Jahren. Die nächste Eiszeit käme demnach wahrscheinlich erst in 50 000 Jahren auf uns zu. Die Milankovitch-Zyklen sind auch in die Zukunft berechenbar, und erst dann wird wieder der kritische Wert für die Sonneneinstrahlung auf der Nordhalbkugel unterschritten.[14] Diese These stützen auch einfache Modellrechnungen, mit denen sich der Beginn der vergangenen zehn Vereisungen korrekt aus den Milankovitch-Zyklen berechnen lässt.[15] Ob es allerdings überhaupt zu dieser nächsten Eiszeit kommt, wird inzwischen von vielen ernsthaft in Frage gestellt. Mehrere der Modelle ergeben nämlich, dass der in diesem Jahrhundert vom Menschen verursachte Anstieg des CO_2 so lange nachwirken könnte, dass dadurch die natürlichen Eiszeitzyklen für mehrere hunderttausend Jahre verhindert würden. Wenn dies stimmt, hätte tatsächlich (wie vom Nobelpreisträger Paul Crutzen vorgeschlagen) eine neue erdklimatische Epoche begonnen: das Anthropozän.[16]

Eine Theorie der Eiszeiten muss auch quantitativ erklären, wie die durch die Milankovitch-Zyklen verursachte Änderung der Strahlungsbilanz zu Vereisungen gerade in der richtigen Größe, an den richtigen Orten und in der richtigen zeitlichen Abfolge geführt hat. Dies ist schwierig, aber inzwischen in wichtigen Teilen gelungen. Eine Schwierigkeit ist, dass die Milankovitch-Zyklen die gesamte ankommende Strahlungsmenge kaum beeinflussen, sie ändern lediglich die Verteilung über die Jahreszeiten und Breitengrade. Um dadurch die Erde insgesamt um die beobachteten 4 bis 7 °C abzukühlen, müssen Rückkopplungsprozesse mitspielen.

Die Forschungen haben gezeigt, dass dabei Schnee eine Hauptrolle spielt: Das Eis beginnt immer dann zu wachsen, wenn die Sonneneinstrahlung im Sommer über den nördlichen Kontinenten zu schwach wird, um den Schnee des vorherigen Winters abzuschmelzen. Dann kommt eine Art Teufelskreis in Gang, denn Schnee reflektiert viel Sonnenstrahlung und kühlt damit das

Klima weiter, die Eismassen wachsen langsam auf mehrere tausend Meter Dicke an.

Doch wenn die Sommersonne im Norden schwach ist, ist sie auf der Südhalbkugel umso stärker. Wieso sollte sich also die Südhalbkugel zur gleichen Zeit abkühlen? Die Lösung fand sich in den winzigen Luftbläschen, die im antarktischen Eis eingeschlossen sind: Kohlendioxid. Der Wostok-Eiskern hat gezeigt, dass der CO_2-Gehalt der Atmosphäre in den letzten 420 000 Jahren im Rhythmus der Vereisungen pendelte, zwischen ca. 190 ppm auf dem Höhepunkt der Eiszeiten und 280 ppm in Warmzeiten (Abb. 1.1). CO_2 wirkt als Treibhausgas (Kap. 2): Berücksichtigt man diese Strahlungswirkung im Klimamodell, dann erhält man realistische Simulationen des Eiszeitklimas.[17] Da das CO_2 aufgrund seiner langen Verweilzeit in der Atmosphäre gut durchmischt ist und daher das Klima global beeinflusst, kann es auch die – sonst unerklärliche – Abkühlung in der Antarktis während der Eiszeiten erklären.

Das CO_2 funktioniert hier als Teil einer Rückkopplungsschleife: Fällt die Temperatur, so fällt der CO_2-Gehalt der Luft, dies verstärkt und globalisiert wiederum die Abkühlung. Im Gegensatz zum zweiten Teil dieser Rückkopplung (also der Wirkung des CO_2 auf die Temperatur) ist der erste Teil derzeit in der Forschung noch nicht ganz verstanden: Wieso sinkt der CO_2-Gehalt, wenn die Temperatur fällt? Offenbar verschwindet das CO_2 im Ozean, aber welche Mechanismen daran welchen Anteil haben, ist noch unklar. Klar ist aus den Eiskerndaten jedoch eines: Diese Rückkopplung funktioniert. Dreht man an der Temperatur (etwa durch die Milankovitch-Zyklen), so folgt mit einer für den Kohlenstoffkreislauf charakteristischen Verzögerung das CO_2; dreht man dagegen am CO_2 (wie derzeit der Mensch), so folgt wenig später die Temperatur.

Abrupte Klimawechsel

Die Klimageschichte hat auch handfeste Überraschungen zu bieten. Im Verlauf der letzten Eiszeit kam es über zwanzigmal zu plötzlichen, dramatischen Klimawechseln[18] (Abb. 1.5). Innerhalb von nur ein bis zwei Jahrzehnten stieg in Grönland die Temperatur um bis zu 12 °C an und blieb dann mehrere Jahrhunderte warm.[19, 20] Auswirkungen dieser so genannten «Dansgaard-Oeschger-Ereignisse» (kurz DO-events) waren weltweit zu spüren – eine internationale Arbeitsgruppe hat kürzlich Daten von 183 Orten zusammengetragen, an denen sich synchron das Klima änderte.[21]

Im Zusammenspiel solcher Messdaten mit Modellsimulationen entstand in den letzten Jahren eine Theorie der Dansgaard-Oeschger-Ereignisse, die die meisten Beobachtungsdaten gut zu erklären vermag, u. a. den charakteristischen Zeitablauf und das spezifische räumliche Muster von Erwärmung und Abkühlung.[23] Demnach handelt es sich bei diesen abrupten Klimawechseln um sprunghafte Änderungen der Meeresströme im Nordatlantik, die riesige Wärmemengen in den nördlichen Atlantikraum bringen und teilweise für das milde Klima bei uns verantwortlich sind. Wahrscheinlich benötigten diese Strömungsänderungen nur einen minimalen Auslöser. Dies legen jedenfalls unsere Modellsimulationen nahe, und auch in den Klimadaten deutet nichts auf einen starken äußeren Auslöser hin. Die Atlantikströmung stand während der Eiszeit wohl regelrecht auf der Kippe

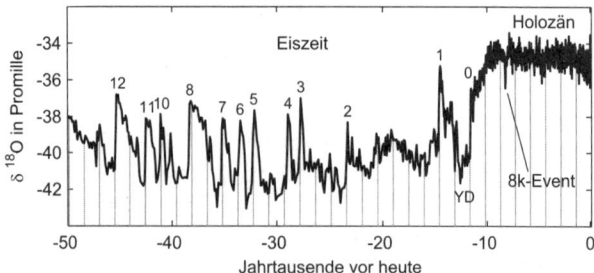

Abb. 1.5: Klimaentwicklung in Grönland in den abgelaufenen 50 000 Jahren. Die abgelaufenen zehntausend Jahre, das Holozän, sind durch ein stabiles, warmes Klima gekennzeichnet. Das Eiszeitklima in der Zeit davor wird durch plötzliche Warmphasen unterbrochen, die Dansgaard-Oeschger-Ereignisse (nummeriert). Die senkrechten Linien markieren Intervalle von 1470 Jahren Länge. Die letzte Kaltphase der Eiszeit ist die Jüngere Dryas (YD). Zu Beginn des Holozän, vor 8200 Jahren, gab es eine kleinere Abkühlung: das 8k-Ereignis. (Quelle: Rahmstorf 2002[22])

zwischen zwei verschiedenen Strömungsmustern und sprang ab und zu zwischen diesen hin und her.

DO-Events sind aber nicht die einzigen abrupten Klimasprünge, die die jüngere Klimageschichte zu bieten hat. Während der letzten Eiszeit kam es in unregelmäßigen Abständen von mehreren tausend Jahren zu so genannten Heinrich-Ereignissen. Man erkennt sie in den Tiefseesedimenten aus dem Nordatlantik, wo jedes dieser spektakulären Ereignisse anstatt des sonstigen weichen Schlamms eine bis zu einige Meter dicke Schicht von Steinchen hinterließ.[24] Diese Steinchen sind zu schwer, um vom Wind oder von Meeresströmungen transportiert worden zu sein – sie können nur von schmelzenden Eisbergen herab auf den Meeresgrund gefallen sein. Offenbar sind also immer wieder regelrechte Armadas aus Eisbergen über den Atlantik getrieben. Man geht davon aus, dass es sich um Bruchstücke des Nordamerikanischen Kontinental-Eises handelte, die durch die Hudsonstraße ins Meer gerutscht sind. Ursache war wahrscheinlich eine Instabilität des mehrere tausend Meter dicken Eispanzers. Durch Schneefälle wuchs er ständig an, bis Abhänge instabil wurden und abrutschten – ähnlich wie bei einem Sandhaufen, bei dem gelegentlich Lawinen abgehen, wenn man immer mehr Sand darauf rieseln lässt.

Sedimentdaten deuten darauf hin, dass infolge der Heinrich-Events die Atlantikströmung vorübergehend ganz zum Erliegen kam.[22] Klimadaten zeigen eine damit verbundene plötzliche Abkühlung vor allem in mittleren Breiten, etwa im Mittelmeerraum.

Das Klima des Holozän

Zum Schluss dieser kurzen Reise durch die Klimageschichte widmen wir uns dem Holozän: der Warmzeit, in der wir seit 10 000 Jahren leben. Das Holozän ist nicht nur durch ein warmes, sondern auch durch ein vergleichsweise stabiles Klima gekennzeichnet. Von vielen wird das relativ stabile Klima des Holozän als Grund dafür angesehen, dass der Mensch vor ca. 10 000 Jahren die Landwirtschaft erfand und sesshaft wurde.

Eine letzte, allerdings vergleichsweise schwache abrupte Kältephase fand vor 8200 Jahren statt (manchmal als 8k-Event bezeichnet – Abb. 1.5). Daten und Simulationsrechnungen legen nahe, dass es sich dabei um eine Folge des Abschmelzens der letzten Eisreste der Eiszeit handelte, hinter denen sich über Nordamerika ein riesiger Schmelzwassersee gebildet hatte, der Agassiz-See.[25] Als der Eisdamm brach und der Süßwassersee sich in den Atlantik ergoss, wurde die warme Atlantikströmung dadurch vorübergehend gestört.

Selbst im sonst eher ruhigen Holozän gab es noch einen großen Klimawechsel: Die Sahara wandelte sich von einer besiedelten Savanne mit offenen Wasserflächen in eine Wüste. Ursache waren offenbar Veränderungen in der Monsunzirkulation, die vom 23 000-jährigen Erdbahnzyklus ausgelöst werden. Weltweit schwankt die Monsunstärke in diesem Rhythmus, der den Jahreszeitenkontrast zwischen Land und Meer und damit die Antriebskräfte des Monsuns bestimmt. In Simulationen des Klimas der letzten 9000 Jahre durch Martin Claussen und Kollegen am Potsdam-Institut, in denen die Milankovitch-Zyklen berücksichtigt wurden, verdorrte um 5500 vor heute die Sahara-Vegetation.[26] Das passt sehr gut zu Daten aus einem neueren Sedimentbohrkern vor der Nordafrikanischen Küste, wonach genau um diese Zeit der Anteil von Saharasand in den Sedimenten sprunghaft angestiegen ist:[27] ein sicheres Zeichen für die Austrocknung der Sahara.

Von besonderem Interesse sind die Klimaschwankungen der letzten Jahrtausende, sind sie uns doch historisch am nächsten. Ein interessantes Beispiel ist das Schicksal der Wikingersiedlung in Grönland. Daten vom nächstgelegenen Eisbohrkern Dye 3 im Süden Grönlands zeigen, dass das Klima dort besonders warm war, als Erik der Rote im Jahr 982 seine Siedlung gründete. Doch die guten Bedingungen hielten nicht an, sondern sie verschlechterten sich in den folgenden 200 Jahren immer mehr. Eine vorübergehende Warmphase im 13. Jahrhundert gab nochmals Hoffnung, aber im späten 14. Jahrhundert war das Klima so kalt geworden, dass die Siedlung wieder aufgegeben werden musste.[28] Erst in der Mitte des 20. Jahrhunderts wurden die warmen Temperaturen des Mittelalters in Südgrönland wieder erreicht.

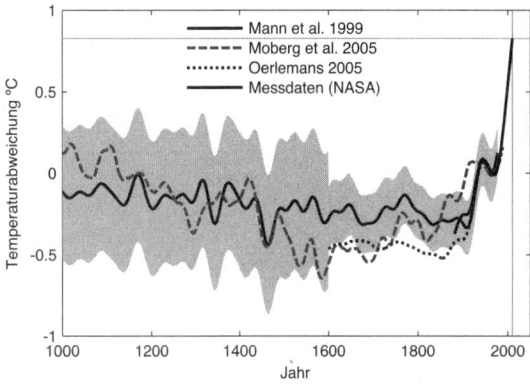

Abb. 1.6: Temperaturverlauf auf der Nordhalbkugel im letzten Jahrtausend. Gezeigt sind die klassische Rekonstruktion von Mann et al. 1999[29] (mit der zugehörigen Unsicherheitsmarge, grau) aus jährlich aufgelösten Daten (u. a. Baumringen und Eiskernen), eine Rekonstruktion, die zusätzlich niederfrequente Daten benützt (Sedimentkerne, Moberg et al. 2005[30]), eine Rekonstruktion auf der Grundlage der Ausdehnung von Gebirgsgletschern (Oerlemans 2005[31]), sowie die Messdaten der Wetterstationen (NASA). Die Kurven sind über zwei Jahrzehnte geglättet und zeigen Abweichungen relativ zur Periode 1961–1990.

Allerdings lassen sich Daten einzelner Stationen nicht verallgemeinern, weil lokal aus einer Vielzahl von Gründen recht große Klimaschwankungen auftreten können – zum Beispiel durch Veränderungen in den vorherrschenden Windrichtungen. Besonders wichtig sind daher großräumige (möglichst globale oder hemisphärische) Mittelwerte, denn die lokale Umverteilung von Wärme gleicht sich bei der Mittelwertbildung aus, und es lassen sich Erkenntnisse über die Reaktion auf globale Antriebe (etwa Schwankungen der Sonnenaktivität oder der Treibhausgaskonzentration) ableiten. Die Gewinnung solcher großräumiger Mittelwerte ist schwierig, weil die Zahl hochwertiger Datenreihen noch sehr begrenzt ist. Daher gibt es nach wie vor trotz einer Reihe von unabhängigen Rekonstruktionen eine erhebliche Unsicherheit über den genauen Temperaturverlauf auf der Nordhemisphäre über das letzte Jahrtausend (Abb. 1.6).

Neben noch zu klärenden Unterschieden um einige Zehntel Grad zeigen die Rekonstruktionen aber auch eine Reihe von

Gemeinsamkeiten, die als relativ robuste Erkenntnisse gelten können. Im Mittelalter gab es auf der Nordhalbkugel eine verhältnismäßig warme Phase, manchmal das Wärmeoptimum des Mittelalters genannt. Gefolgt wurde diese Zeit von einem allmählichen Abkühlungstrend bis zur so genannten «kleinen Eiszeit» im 17. und 18. Jahrhundert, in der es etwa 0,2 bis 0,6 °C kälter war als im Mittelalter. Allerdings zeigen genauere Analysen, dass dieses Bild vereinfacht ist – diese Perioden setzen sich jeweils aus mehreren eher warmen und eher kalten Phasen zusammen, die auch nicht überall gleichzeitig auftraten. Seit Mitte des 19. Jahrhunderts sind die Temperaturen dann wieder deutlich angestiegen und haben um die Mitte des 20. Jahrhunderts die Werte des Mittelalters überschritten.

Einige Folgerungen

Die Klimageschichte belegt vor allem die dramatische Wechselhaftigkeit des Klimas. Das Klimasystem ist ein sensibles System, das in der Vergangenheit schon auf recht kleine Änderungen in der Energiebilanz empfindlich reagiert hat. Es ist zudem ein nichtlineares System, das in manchen Komponenten – zum Beispiel der ozeanischen Zirkulation – zu sprunghaften Änderungen neigt. Das Klima ist «kein träges Faultier, sondern gleicht einem wilden Biest», wie es der bekannte amerikanische Klimatologe Wallace Broecker einmal formulierte.

Andererseits treten Klimaänderungen auch nicht ohne Grund auf, und die Klimaforschung ist im vergangenen Jahrzehnt einem quantitativen Verständnis der Ursachen früherer Klimaänderungen sehr nahe gekommen. Viele der abgelaufenen Ereignisse lassen sich inzwischen auf spezifische Ursachen zurückführen und recht realistisch in den stets besser werdenden Simulationsmodellen nachspielen. Ein solches quantitatives Verständnis von Ursache und Wirkung ist die Voraussetzung dafür, die Eingriffe des Menschen in das Klimasystem richtig einschätzen zu können und deren Folgen zu berechnen. Die Klimageschichte bestätigt dabei eindrücklich die wichtige Rolle des CO_2 als Treibhausgas, die wir im nächsten Kapitel näher beleuchten werden.

2. Die globale Erwärmung

Ändert der Mensch das Klima? Und wenn ja, wie rasch und wie stark? Diese Fragen sollen in diesem Kapitel diskutiert werden. Sie beschäftigen die Wissenschaft nicht erst in jüngster Zeit, sondern bereits seit über einem Jahrhundert. Mit «globaler Erwärmung» meinen wir hier eine Erwärmung der globalen Mitteltemperatur, nicht unbedingt eine Erwärmung überall auf der Erde. In diesem Kapitel werden wir nur die globale Mitteltemperatur betrachten; die regionalen Ausprägungen des Klimawandels werden in Kapitel 3 besprochen.

Etwas Geschichte

Schon 1824 beschrieb Jean-Baptiste Fourier, wie Spurengase in der Atmosphäre das Klima erwärmen.[32] 1860 zeigte der Physiker John Tyndall, dass dies vor allem Wasserdampf und CO_2 sind. Im Jahr 1896 rechnete der schwedische Nobelpreisträger Svante Arrhenius erstmals aus, dass eine Verdoppelung des CO_2-Gehalts der Atmosphäre zu einer Temperaturerhöhung um 4 bis 6 °C führen würde. In den 1930er Jahren wurde in der Fachliteratur ein Zusammenhang der damals beobachteten Klimaerwärmung mit dem Anstieg des CO_2 durch die Industrialisierung diskutiert; er war seinerzeit mangels Daten jedoch nicht zu belegen. Erst seit den 1950er Jahren wird die Gefahr einer anthropogenen (also vom Menschen verursachten) Erwärmung weithin ernst genommen. Im Rahmen des internationalen geophysikalischen Jahres (IGY) 1957/58 gelang der Nachweis, dass die CO_2-Konzentration in der Atmosphäre tatsächlich ansteigt; Isotopenanalysen zeigten zudem, dass der Anstieg durch Kohlenstoff aus der Nutzung fossiler Brennstoffe verursacht wurde – also vom Menschen. Die ersten Simulationsrechnungen mit einem Atmosphärenmodell in den 1960er Jahren ergaben einen Temperaturanstieg von 2 °C bei angenommener Verdoppelung der CO_2-Konzentration; ein weiteres Modell ergab etwas später einen Wert von 4 °C.

In den 1970er Jahren warnte mit der National Academy of Sciences der USA erstmals eine große Wissenschaftsorganisation vor der globalen Erwärmung.[33] Gleichzeitig gab es einige wenige Forscher, die sogar eine neue Eiszeit für möglich hielten, unter ihnen der bekannte US-Klimatologe Stephen Schneider. Das Thema wurde von den Medien begierig aufgegriffen; Schneiders Argumente überzeugten Fachleute jedoch kaum, und im Lichte weiterer eigener Forschungsergebnisse revidierte er bald selbst seine Auffassung.

Die National Academy schätzte damals die Wirkung einer CO_2-Verdoppelung auf eine Zunahme der Temperatur um 1,5 bis 4,5 °C. Diese Unsicherheitsspanne konnte unabhängig bestätigt und abgesichert, aber leider bislang nur wenig verkleinert werden, auf aktuell 2,0 bis 4,5 °C. Im Jahr 1990 erschien der erste Sachstandsbericht des Intergovernmental Panel on Climate Change[34] (IPCC, mehr dazu in Kap. 4), weitere Berichte folgten 1996,[35] 2001[36] und 2007.[37] In diesem Zeitraum haben sich die wissenschaftlichen Erkenntnisse derart erhärtet, dass inzwischen fast alle Klimatologen eine spürbare anthropogene Klimaerwärmung für erwiesen oder zumindest hochwahrscheinlich halten.[38] 2007 erhielt das IPCC für seine Arbeit den Friedensnobelpreis.

Der Treibhauseffekt

Der Grund für den befürchteten Temperaturanstieg als Folge des steigenden CO_2-Gehalts der Atmosphäre liegt im so genannten Treibhauseffekt, der hier kurz erläutert werden soll.

Die mittlere Temperatur auf der Erde ergibt sich aus einem einfachen Strahlungsgleichgewicht (siehe Kap. 1). Einige Gase in der Atmosphäre greifen in die Strahlungsbilanz ein, indem sie zwar die ankommende Sonnenstrahlung passieren lassen, jedoch nicht die von der Erdoberfläche abgestrahlte langwellige

Wärmestrahlung. Dadurch kann Wärme von der Oberfläche nicht so leicht ins All abgestrahlt werden; es kommt zu einer Art «Wärmestau» in der Nähe der Erdoberfläche.

Anders formuliert: Die Oberfläche strahlt, wie jeder physikalische Körper, Wärme ab – je höher die Temperatur, desto mehr. Diese Wärmestrahlung entweicht aber nicht einfach ins Weltall, sondern wird unterwegs in der Atmosphäre absorbiert, und zwar von den Treibhausgasen (oder «klimawirksamen Gasen» – nicht zu verwechseln mit den «Treibgasen», die in Spraydosen Verwendung fanden und die Ozonschicht schädigen). Die wichtigsten dieser Gase sind Wasserdampf, Kohlendioxid und Methan. Diese Gase strahlen die absorbierte Wärme wiederum in alle Richtungen gleichmäßig ab – einen Teil also auch zurück zur Erdoberfläche. Dadurch kommt an der Oberfläche mehr Strahlung an als ohne Treibhausgase: nämlich nicht nur die Sonnenstrahlung, sondern zusätzlich die von den Treibhausgasen abgestrahlte Wärmestrahlung. Ein Gleichgewicht kann sich erst wieder einstellen, wenn die Oberfläche zum Ausgleich auch mehr abstrahlt – also wenn sie wärmer ist. Dies ist der Treibhauseffekt (Abb. 2.1).

Der Treibhauseffekt ist ein ganz natürlicher Vorgang – Wasserdampf, Kohlendioxid und Methan kommen von Natur aus seit jeher in der Atmosphäre vor. Der Treibhauseffekt ist sogar lebensnotwendig – ohne ihn wäre unser Planet völlig gefroren. Eine einfache Rechnung zeigt die Wirkung. Die ankommende Sonnenstrahlung pro Quadratmeter Erdoberfläche beträgt 342 Watt. Etwa 30% davon werden reflektiert, es verbleiben 242 Watt/m^2, die teils in der Atmosphäre, teils von Wasser und Landflächen absorbiert werden. Ein Körper, der diese Strahlungsmenge abstrahlt, hat nach dem Stefan-Boltzmann-Gesetz der Physik eine Temperatur von −18°C; wenn die Erdoberfläche im Mittel diese Temperatur hätte, würde sie also gerade so viel abstrahlen, wie an Sonnenstrahlung ankommt. Tatsächlich beträgt die mittlere Temperatur an der Erdoberfläche aber +15°C. Die Differenz von 33 Grad wird vom Treibhauseffekt verursacht, der daher erst das lebensfreundliche Klima auf der Erde möglich macht. Der Grund zur Sorge über die globale

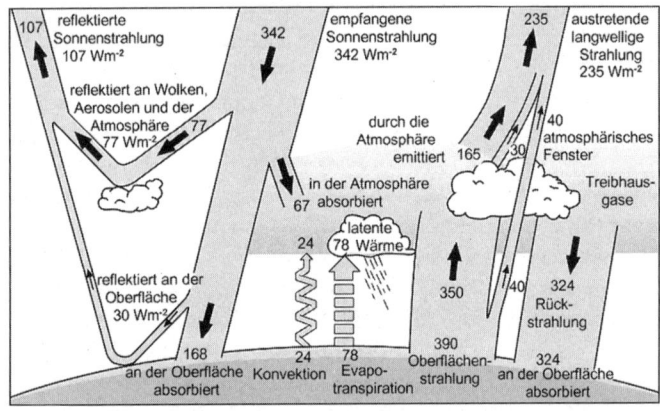

Abb. 2.1: Die Energiebilanz der Erde. Der natürliche Treibhauseffekt heizt die Oberfläche mit 324 Watt/m² auf. (Quelle: IPCC[37])

Erwärmung liegt darin, dass der Mensch diesen Treibhauseffekt nun verstärkt. Da der Treibhauseffekt insgesamt für eine Temperaturdifferenz von 33-Grad verantwortlich ist, kann bereits eine prozentual geringe Verstärkung desselben zu einer Erwärmung um mehrere Grad führen.

Ein Vergleich mit unserem Nachbarplaneten Venus zeigt, welche Macht der Treibhauseffekt im Extremfall entfalten kann. Die Venus ist näher an der Sonne als wir – ihre Entfernung zur Sonne beträgt nur 72 % derjenigen der Erde. Daher ist die ankommende Sonnenstrahlung mit 645 Watt/m² fast doppelt so stark wie auf der Erde (die Strahlungsdichte nimmt mit dem Quadrat der Entfernung ab). Allerdings ist die Venus in eine dichte Wolkendecke gehüllt, die 80 % der Sonnenstrahlung reflektiert – auf der Erde beträgt dieser Anteil nur 30 % (siehe oben). Die auf der Venus *absorbierte* Sonnenenergie – die Differenz zwischen ankommender und reflektierter Strahlung – ist also mit 130 Watt/m² deutlich geringer als auf der Erde (242 Watt/m²). Man könnte daher erwarten, dass die Venusoberfläche kälter ist als die Erdoberfläche. Das Gegenteil ist jedoch der Fall: Auf der Venus herrschen siedend heiße 460 °C.

Grund dafür ist ein extremer Treibhauseffekt: Die Atmosphäre der Venus besteht zu 96 % aus Kohlendioxid.

Wie konnte es dazu kommen? Wie in Kapitel 1 besprochen, begrenzt auf der Erde über Jahrmillionen die Verwitterung von Gestein die CO_2-Konzentration. Da auf der Venus das zur Verwitterung benötigte Wasser kaum vorhanden ist, kann der geschilderte Regelkreis, der auf der Erde zur langfristigen Stabilisierung von CO_2 und Klima führt, auf der Venus nicht funktionieren.[8]

Der Anstieg der Treibhausgaskonzentration

Von der Theorie nun zu den tatsächlichen, gemessenen Veränderungen auf unserer Erde. Direkte und kontinuierliche Messungen der Kohlendioxidkonzentration gibt es erst seit den 1950er Jahren, seit Charles Keeling eine Messreihe auf dem Mauna Loa in Hawaii begann. Diese berühmte Keeling-Kurve zeigt zum einen die jahreszeitlichen Schwankungen der CO_2-Konzentration: das Ein- und Ausatmen der Biosphäre im Jahresrhythmus. Zum anderen zeigt sie einen kontinuierlichen Aufwärtstrend. Inzwischen (2010) hat die CO_2-Konzentration den Rekordwert von 389 ppm (also 0,039 %) erreicht (Abb. 2.2). Dies ist der höchste Wert seit mindestens 800 000 Jahren – so weit reichen die zuverlässigen Daten aus Eiskernen inzwischen zurück (siehe Kap. 1). Für den Zeitraum davor haben wir nur ungenauere Daten aus Sedimenten. Alles spricht jedoch dafür, dass man etliche Millionen Jahre in die Klimageschichte zurückgehen muss – zurück in die Zeiten eines wesentlich wärmeren, eisfreien Erdklimas –, um ähnlich hohe CO_2-Konzentrationen zu finden.[10] Wir verursachen derzeit also Bedingungen, mit denen der Mensch es noch nie zu tun hatte, seit er den aufrechten Gang gelernt hat.

Dass es der Mensch ist, der diesen Anstieg des CO_2 verursacht, daran gibt es keinerlei Zweifel. Wir wissen, wie viele fossile Brennstoffe (Kohle, Erdöl und Erdgas) wir verbrennen und wie viel CO_2 dabei in die Atmosphäre gelangt – CO_2 ist das hauptsächliche Verbrennungsprodukt, keine kleine Verunreinigung in den Abgasen. Die jedes Jahr verbrannte Menge entspricht etwa

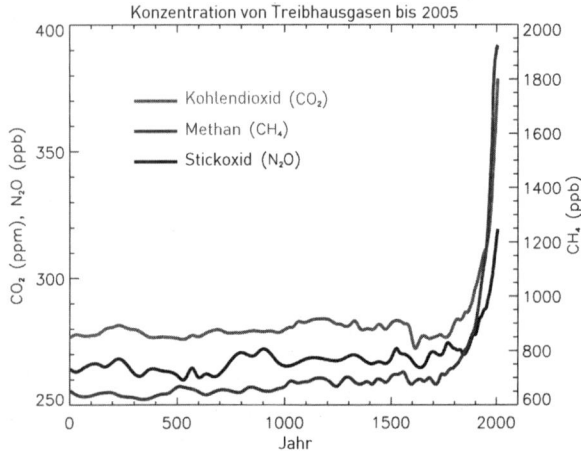

Abb. 2.2: Die Entwicklung der Konzentration wichtiger Treibhausgase in der Atmosphäre über die abgelaufenen zweitausend Jahre.
Linke Skala: Konzentration in ppm für CO_2 bzw. ppb für N_2O.
Rechte Skala: Konzentration in ppb für Methan. (Quelle: IPCC[37])

dem, was sich zur Zeit der Entstehung der Lagerstätten von Öl und Kohle in rund einer Million Jahre gebildet hat.

Nur etwa die Hälfte (56%) des von uns in die Luft gegebenen CO_2 befindet sich noch dort, die andere Hälfte wurde von den Ozeanen und von der Biosphäre aufgenommen. Fossiler Kohlenstoff hat eine besondere Isotopenzusammensetzung, dadurch konnte Hans Suess bereits in den 1950er Jahren nachweisen, dass das zunehmende CO_2 in der Atmosphäre einen fossilen Ursprung hat.[39] Inzwischen ist auch die Zunahme des CO_2 im Ozean durch rund 10 000 Messungen aus den Weltmeeren belegt – wir erhöhen also die CO_2-Konzentration nicht nur in der Luft, sondern auch im Wasser.[40] Dies führt übrigens zur Versauerung des Meerwassers und damit wahrscheinlich zu erheblichen Schäden an Korallenriffen und anderen Meeresorganismen, auch ohne jeden Klimawandel.[41]

Neben dem generellen Trend haben Wissenschaftler auch die beobachteten kleineren Schwankungen der CO_2-Konzentration inzwischen immer besser verstanden. So machen sich etwa Vulkanausbrüche oder Änderungen der Meeresströmungen im Pazifik (El-Niño-Ereignisse) auch in der CO_2-Konzentration bemerkbar, weil die Biosphäre jeweils mit verstärktem oder geringerem Wachstum reagiert.[42] Vereinfacht gesagt: Steigt die CO_2-Konzentration in einem Jahr weniger als normal, dann war es ein gutes Jahr für die Biosphäre. Und umgekehrt steigt die CO_2-Konzentration in Jahren mit verbreiteter Dürre oder Waldbränden (z. B. 2002, 2003) besonders rasch an.

CO_2 ist jedoch nicht das einzige Treibhausgas. Auch die Konzentration anderer Gase wie Methan (CH_4), FCKW und Distickstoffoxyd (N_2O) ist durch menschliche Aktivitäten angestiegen. (Die von FCKW sinkt wieder, seitdem ihre Herstellung wegen ihrer zerstörerischen Wirkung auf die Ozonschicht weitgehend eingestellt wurde.) Auch diese Gase tragen zum Treibhauseffekt bei. Die Maßeinheit dafür ist der so genannte Strahlungsantrieb in Watt pro Quadratmeter – diese Kennzahl gibt an, wie stark der Strahlungshaushalt durch ein bestimmtes Gas (oder auch durch eine andere Ursache, etwa durch Änderung der Bewölkung oder der Sonnenaktivität) verändert wird. Die derzeit durch die anthropogenen klimawirksamen Gase verursachte Störung des Strahlungshaushaltes beträgt 3,0 Watt/m² (die Unsicherheit beträgt dabei ±15%). 55% davon gehen auf das Konto des CO_2, 45% sind durch die anderen Gase verursacht.[36]

Das insgesamt wichtigste Treibhausgas ist der Wasserdampf. Es taucht in der obigen Diskussion nur deshalb nicht auf, weil der Mensch seine Konzentration nicht direkt verändern kann. Selbst wenn wir künftig vorwiegend Wasserstoff als Energieträger einsetzen würden, wären die Einflüsse der Wasserdampfemissionen auf das Klima minimal. Unvorstellbar große Mengen an Wasserdampf (mehr als 4×10^{14} Kubikmeter pro Jahr) verdunsten von den Ozeanen, bewegen sich in der Atmosphäre, kondensieren und fallen als Niederschläge wieder zu Boden. Dies ist die zwanzigfache Wassermenge der Ostsee. Innerhalb von zehn Tagen wird damit die gesamte Menge an Wasserdampf in der Atmosphäre ausgetauscht. Die Konzentration (im globalen Mittel 0,25 %) schwankt deshalb sehr stark von Ort zu Ort und von Stunde zu Stunde – ganz im Gegensatz zu den oben diskutierten langlebigen Treibhausgasen, die sich während ihrer Lebensdauer um den ganzen Erdball verteilen und daher überall fast die gleiche Konzentration haben.

Seit jeher treiben Klimaforscher daher großen Aufwand, um den Wasserkreislauf immer besser zu verstehen und genauer in ihren Modellen zu erfassen – das ist nicht nur wegen der Treibhauswirkung des Wasserdampfes wichtig, sondern vor allem auch zur Berechnung der Niederschlagsverteilung.

Die Wasserdampfkonzentration hängt stark von der Temperatur ab. Warme Luft kann nach dem Clausius-Clapeyron-Gesetz der Physik mehr Wasserdampf halten. Daher erhöht der Mensch indirekt auch die Wasserdampfkonzentration der Atmosphäre, wenn er das Klima aufheizt. Dies ist eine klassische verstärkende Rückkopplung, da eine höhere Wasserdampfkonzentration wiederum die Erwärmung verstärkt.

Der Anstieg der Temperatur

Messdaten aus aller Welt belegen, dass neben der Kohlendioxidkonzentration auch die mittlere Temperatur in den abgelaufenen hundert Jahren deutlich gestiegen ist – und zwar etwa in dem Maße, wie es nach unserem physikalischen Verständnis des Treibhauseffekts auch zu erwarten ist.

Dieser Anstieg der Temperatur ist durch eine Reihe voneinander unabhängiger Datensätze belegt. Die wichtigste Datenbasis sind die Messwerte der weltweiten Wetterstationen (Abb. 2.3, 2.4), die seit dem Jahr 1900 einen globalen Anstieg um 0,7 °C zeigen.[36] Dabei sind lokale Effekte, vor allem das Wachsen von Städten um Wetterstationen herum (der *urban heat island effect*), bereits herauskorrigiert. Dass diese Korrektur erfolgreich und vollständig ist, wurde kürzlich nochmals getestet, indem stürmische Tage mit windstillen Tagen verglichen wurden; nur bei Letzteren wäre der Wärmeinsel-Effekt spürbar. Beide zeigen jedoch genau den gleichen Erwärmungstrend.[43]

Ein anderer wichtiger Datensatz sind die Messungen der

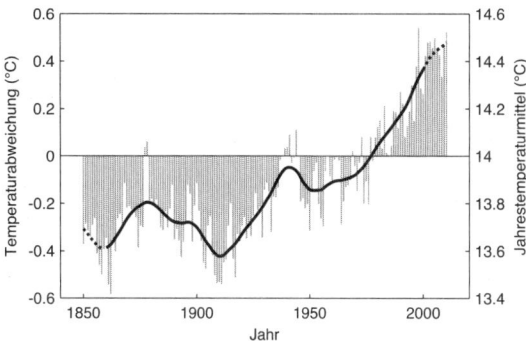

Abb. 2.3: Verlauf der global gemittelten Temperaturen 1850–2010, gemessen von Wetterstationen. Gezeigt sind jährliche Werte (graue Balken) sowie der mit elf Jahren Halbwertsbreite geglättete Verlauf (Kurve). (Quelle: Hadley Centre[44])

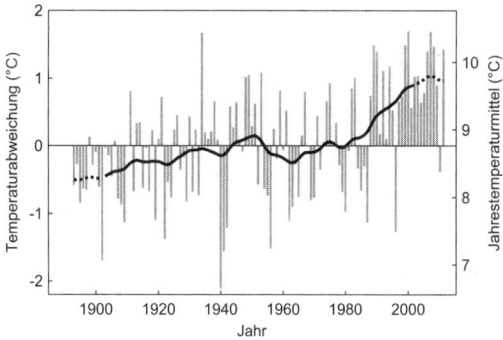

Abb. 2.4: Verlauf der Temperatur an der Wetterstation auf dem Potsdamer Telegrafenberg 1893–2011, eine der längsten ununterbrochenen Messreihen der Erde. Gezeigt sind jährliche Werte (graue Balken) sowie der über elf Jahre geglättete Verlauf (Kurve). (Der gestrichelte Teil am Ende der Trendlinien ist vorläufig und wird sich durch die Messwerte der folgenden Jahre noch ändern.) Der Erwärmungstrend ist hier etwas stärker als im globalen Mittel; außerdem sind die jährlichen Schwankungen erheblich größer, so wie es bei einer Einzelstation im Vergleich zum globalen Mittel zu erwarten ist. (Quelle: Sekularstation Potsdam[45])

Meerestemperaturen, die von einem großen Netz von Schiffen durchgeführt werden. Diese zeigen einen Anstieg der Oberflächentemperatur der Meere, der ganz ähnlich verläuft wie über den Kontinenten.[36] Der Trend ist etwas schwächer, wie man es auch aufgrund der thermischen Trägheit des Wassers erwartet.

Die globale Erwärmung wird auch durch Satellitenmessungen bestätigt, auch wenn die Messreihen erst Ende der 1970er Jahre beginnen. Um die Lufttemperatur zu bestimmen, nutzt man dabei die von den Sauerstoffmolekülen der Luft abgegebene Mikrowellenstrahlung (sog. MSU-Daten). Allerdings kann man so nicht die für uns Menschen vor allem interessanten oberflächennahen Temperaturen bestimmen, da der Satellit Strahlung aus der ganzen Luftsäule misst – teilweise sogar aus der Höhe der Stratosphäre, die sich (hauptsächlich aufgrund des Ozonschwundes) in den vergangenen Jahrzehnten um ca. 2 °C abgekühlt hat.[46] Die Interpretation der Satellitendaten ist deshalb schwierig. Dennoch zeigen alle fünf globalen Datenreihen (drei aus Oberflächendaten, zwei Satellitenmessreihen) einen übereinstimmenden Erwärmungstrend über die letzten 30 Jahre, je nach Datensatz 0,16 bis 0,18 °C pro Jahrzehnt.

Neben den Temperaturmessungen bestätigen auch eine Reihe von anderen Trends indirekt die Erwärmung, etwa der weltweite Gletscherschwund, das Schrumpfen des arktischen Meer-Eises, der Anstieg des Meeresspiegels, das im Jahreslauf zunehmend frühere Tauen und spätere Gefrieren von Flüssen und Seen und das frühere Austreiben von Bäumen. Solche Folgen der Erwärmung werden in Kapitel 3 diskutiert.

Die Ursachen der Erwärmung

Betrachten wir die Erwärmung im abgelaufenen Jahrhundert genauer (Abb. 2.3), so können wir drei Phasen unterscheiden. Bis 1940 gab es eine frühe Erwärmungsphase, danach stagnierten die Temperaturen bis in die 1970er Jahre, und seither gibt es einen neuen, bislang ungebrochenen Erwärmungstrend. Dass dieser Verlauf nicht dem Verlauf des CO_2 gleicht (Abb. 2.2), wurde in den Medien gelegentlich als Argument dafür vorgebracht, dass die Erwärmung nicht durch CO_2 verursacht wird.

Diese Argumentation ist jedoch zu simpel. Es versteht sich von selbst, dass CO_2 nicht der einzige Einflussfaktor auf das Klima ist, sondern dass der tatsächliche Klimaverlauf sich aus der Überlagerung mehrerer Faktoren ergibt (siehe Kap. 1).

Doch wie kann man diese Faktoren und ihren jeweiligen Einfluss auseinander halten? In der Klimaforschung ist diese Frage im englischen Fachjargon als das *attribution problem* bekannt, also das Problem der (anteiligen) Zuweisung von Ursachen. Es gibt eine ganze Reihe von Ansätzen zu dessen Lösung. Auch wenn in der Regel dabei komplexe statistische Verfahren zur Anwendung kommen, lassen sich die drei Grundprinzipien der verschiedenen Methoden sehr einfach verstehen.

Das erste Prinzip beruht auf der Analyse des *zeitlichen Verlaufs* der Erwärmung sowie der dafür in Frage kommenden Ursachen, die auch «Antriebe» genannt werden. Die Idee ist damit die gleiche wie bei dem oben genannten zu simplen Argument – nur dass dabei die Kombination mehrerer möglicher Ursachen betrachtet wird, nicht nur eine einzige. Zu diesen Ursachen gehören neben der Treibhausgaskonzentration auch Veränderungen der Sonnenaktivität, der Aerosolkonzentration (Luftverschmutzung mit Partikeln, die aus Vulkanausbrüchen oder Abgasen stammen) und interne Schwankungen im System Ozean – Atmosphäre (als stochastische Komponente). Dabei braucht man die Stärke der gesuchten Einflüsse nicht zu kennen – ein wichtiger Vorteil mit Blick auf die Aerosole und die Sonnenaktivität, deren qualitativen Zeitverlauf man zwar relativ gut kennt, über deren Amplituden (also die Stärke der Schwankungen) es aber noch erhebliche Unsicherheit gibt. Im Ergebnis zeigt sich, dass zumindest der zweite Erwärmungsschub seit den 1970er Jahren nicht mit natürlichen Ursachen zu erklären ist. Mit anderen Worten: Wie groß der Einfluss natürlicher Störungen auf die Mitteltemperatur auch sein mag, sie können die Erwärmung der letzten 30 Jahre nicht herbeigeführt haben. Der Grund hierfür liegt letztlich darin, dass mögliche natürliche Ursachen einer Erwärmung (etwa die Sonnenaktivität) seit den 1940er Jahren keinen Trend aufweisen, sodass unabhängig von der Amplitude lediglich die Treibhausgase in Frage kommen.⁴⁷ Seit rund 20 Jahren nimmt die Sonnenaktivität sogar ab.

Das zweite Prinzip beruht auf der Analyse der *räumlichen Muster* der Erwärmung (Fingerabdruck-Methode),⁴⁸ die sich bei verschiedenen Ursachen unterscheiden. So fangen Treibhausgase die Wärme vor allem in Bodennähe ein und kühlen die obere Atmosphäre; bei Änderungen der Sonnenaktivität ist dies anders. Durch Modellsimulationen lassen sich die Muster berechnen und dann mit den beobachteten Erwärmungsmustern vergleichen. Solche Studien wurden von vielen Forschergruppen mit unterschiedlichen Modellen und Datensätzen gemacht. Sie ergeben einhellig, dass der Einfluss der gestiegenen Treibhausgaskonzentration inzwischen dominant und mit seinem charakteristischen «Fingerabdruck» in den Messdaten nachweisbar ist.

Besonders aussagekräftig ist eine Kombination der beiden oben genannten Methoden. Eine solche Studie ergab Ende der 1990er Jahre ebenfalls, dass der Temperaturverlauf im 20. Jahrhundert nicht durch natürliche Ursachen erklärbar ist.⁴⁹ Die Erwärmung bis 1940 könnte sowohl durch eine Kombination von Treibhausgasen und interner Variabilität erklärt werden als auch teilweise durch einen Anstieg der Sonnenaktivität (die beste Abschätzung für deren Beitrag ergab 0,13 °C). Der weitere Verlauf ergibt sich aus der Überlagerung des abkühlenden Effekts der Aerosole und des wärmenden Effekts der Treibhausgase, die sich während der Stagnationsphase von 1940 bis 1970 etwa die Waage hielten.

Das dritte Prinzip baut auf die Kenntnis der *Amplitude* der unterschiedlichen Antriebe. Für die Treibhausgase ist diese gut bekannt (3,0 Watt/m², siehe oben), für die anderen wichtigen Einflussgrößen sind die Abschätzungen allerdings noch mit erheblicher Unsicherheit behaftet. Dennoch ergibt sich auch aus diesen Studien abermals, dass der menschliche Einfluss auf die Klimaentwicklung des 20. Jahrhunderts dominant ist. Eine häufig in Klimamodellen verwendete Abschätzung der Sonnenaktivität⁵⁰ ergibt einen Anstieg im 20. Jahrhundert um 0,35 W/m². Selbst wenn dies um ein Mehrfaches unterschätzt wäre (was aus verschiedenen Gründen unwahrscheinlich ist), wäre der menschliche Antrieb immer noch stärker. Neuere Erkenntnisse deuten sogar eher darauf hin, dass diese Abschätzung die Veränderung der Sonneneinstrahlung noch erheblich überschätzt.[51]

Keine dieser Studien ist für sich genommen ein endgültiger Beweis dafür, dass der Mensch die Hauptursache der Klimaerwärmung des 20. Jahrhunderts ist. Jede der beschriebenen Methoden hat ihre Grenzen und beruht auf mehr oder weniger gut gesicherten Annahmen. Allerdings sind diese bei jeder Methode verschieden. Da alle Verfahren unabhängig voneinander konsistent zum gleichen Ergebnis kommen, müssen wir mit sehr hoher Wahrscheinlichkeit davon ausgehen, dass der menschliche Einfluss inzwischen tatsächlich überwiegt.

Eine aktuelle Studie zeigt zudem, dass durch den Treibhauseffekt im letzten Jahrzehnt das Klimasystem im Ungleichgewicht ist: Die Erde nimmt 0,85 W/m^2 mehr an Sonnenenergie auf, als sie wieder ins Weltall abstrahlt.[52] Diese Zahl ergibt sich zunächst aus einer Modellrechnung, wird aber unabhängig durch ozeanische Messungen bestätigt, denn diese Wärmemenge wird im Meer gespeichert. Auch die Zunahme der langwelligen Strahlung an der Erdoberfläche durch den verstärkten Treibhauseffekt ist inzwischen durch Schweizer Kollegen durch ein Strahlungsmessnetz in den Alpen direkt gemessen worden,[1] sodass die durch uns Menschen verursachten Veränderungen in der Wärmebilanz der Erde als gut verstanden gelten können.

In der öffentlichen Wahrnehmung spielt die Frage eine wichtige Rolle, wie «ungewöhnlich» die derzeitige Erwärmung ist – etwa, ob es im Mittelalter in der Nordhemisphäre schon einmal wärmer war (wahrscheinlich nicht, siehe Abb. 1.6). Daraus wird dann versucht, auf die Ursache zu schließen («Wenn es früher schon mal so warm war, muss es ein natürlicher Zyklus sein»). Dies wäre jedoch ein Fehlschluss: Ob es im Mittelalter bereits wärmer war (etwa wegen einer besonders hohen Sonnenaktivität) oder nicht – wir könnten daraus nicht schließen, inwieweit die *aktuelle* Erwärmung durch natürliche Faktoren oder den Menschen bedingt ist. Wie in Kapitel 1 erläutert, können Klimaveränderungen unterschiedliche Ursachen haben. Welche davon tatsächlich wirkte, muss in jedem Einzelfall geprüft werden. Dass natürliche Ursachen *prinzipiell* auch eine deutlich stärkere Erwärmung verursachen könnten als der Mensch, ist sicher: Für Beispiele muss man nur weit genug in der Klimageschichte zurückgehen (siehe Kap. 1). Über die Ursache des aktuellen Klimawandels sagt uns dies nichts. Es zeigt uns jedoch, dass das Klima nicht unerschütterlich stabil ist: Es belegt, dass das Klima nicht durch stark abschwächende Rückkopplungen stabilisiert wird, die eine größere Erwärmung verhindern würden.

Die Klimasensitivität

Wie stark ist die Wirkung von CO_2 und den anderen anthropogenen Treibhausgasen auf das Klima? Anders ausgedrückt: Wenn sich der Strahlungshaushalt um 3 Watt/m² (oder einen anderen Betrag) ändert, wie stark erhöht sich dann die Temperatur? Diese Frage ist die entscheidende Frage für unser gegenwärtiges Klimaproblem. Klimaforscher beschreiben die Antwort darauf mit einer Maßzahl, der so genannten Klimasensitivität. Man kann sie in Grad Celsius pro Strahlungseinheit (°C/(Watt/m²)) angeben. Einfacher und bekannter ist die Angabe der Erwärmung im Gleichgewicht infolge der Verdoppelung der CO_2-Konzentration (von 280 auf 560 ppm), was einem Strahlungsantrieb von knapp 4 Watt/m² entspricht.

Wir erwähnten zu Beginn des Kapitels bereits die dafür als gesichert geltende Spanne von 2,0 bis 4,5 °C. Wie kann man diese Klimasensitivität bestimmen? Dafür gibt es drei grundsätzlich verschiedene Methoden.

(1) Man kann von der Physik ausgehen, nämlich von der im Labor gemessenen Strahlungswirkung von CO_2, die ohne jede Rückkopplung direkt eine Erwärmung um 1,2 °C bei einer Verdoppelung der Konzentration bewirken würde. Dann muss man noch die Rückkopplungen im Klimasystem berücksichtigen: Im Wesentlichen Wasserdampf, Eis-Albedo und Wolken. Dazu benutzt man Modelle, die am gegenwärtigen Klima mit seinem Jahresgang und zunehmend auch an anderen Klimazuständen (etwa Eiszeitklima) getestet sind. Damit ergibt sich eine

Klimasensitivität von 2,0 bis 4,5 °C. Die Unsicherheit stammt überwiegend vom Unwissen über das Verhalten der Wolken. Derzeit laufen umfangreiche Messprogramme, bei denen an verschiedenen Orten der Erde die kontinuierlich gemessene Wolkenbedeckung mit Modellberechnungen verglichen wird, um diese Unsicherheit weiter zu verringern.

(2) Man kann von Messdaten ausgehen und aus vergangenen Klimaschwankungen durch eine so genannte Regressionsanalyse den Einfluss einzelner Faktoren zu isolieren versuchen. Dazu benötigt man sehr gute Daten und muss sehr sorgfältig alle Faktoren berücksichtigen; man muss dafür einen Zeitraum nehmen, in dem sich die CO_2-Konzentration möglichst stark verändert hat, während sich andere die Klimasensitivität beeinflussende Faktoren von der heutigen Situation nicht zu sehr unterscheiden sollten (etwa die Lage der Kontinente). Daher eignen sich für solche Studien vor allem die Eiszeitzyklen der letzten Jahrhunderttausende, bei denen die CO_2-Konzentration stark schwankte. Das für die Bohrung des Wostok-Eiskerns in der Antarktis (Abb. 1.1) verantwortliche französische Team um Claude Lorius hat 1990 anhand dieser Daten eine solche Analyse durchgeführt;[3] sie ergab eine Klimasensitivität von 3 bis 4 °C.

(3) Eine dritte Methode ist erst in den letzten Jahren durch Fortschritte in der Modellentwicklung und Computerleistung möglich geworden. Dabei nimmt man ein Klimamodell und variiert darin systematisch die wesentlichen noch unsicheren Parameterwerte innerhalb ihrer Unsicherheitsspanne (z. B. Parameter, die bei der Berechnung der Wolkenbedeckung verwendet werden). Man erhält dadurch eine große Zahl verschiedener Modellversionen – in einer kürzlich am Potsdam-Institut abgeschlossenen Untersuchung waren es eintausend Versionen.[53] Weil in diesen Modellversionen die oben genannten Rückkopplungen unterschiedlich stark ausfallen, haben sie alle eine andere Klimasensitivität. Dies allein schon gibt einen Hinweis darauf, welche Spanne der Klimasensitivität bei extremen Annahmen als physikalisch noch denkbar gelten kann. In unserer Studie ergaben sich in den extremsten Modellversionen Klimasensitivitäten von 1,3 °C und 5,5 °C.

Im nächsten Schritt werden alle tausend Modellversionen mit Beobachtungsdaten verglichen und jene (fast 90%) als unrealistisch aussortiert, die das heutige Klima nicht anhand eines zuvor definierten Kriterienkataloges hinreichend gut wiedergeben. Damit wurde die Klimasensitivität bereits etwas eingeschränkt (auf 1,4 bis 4,8°C). Entscheidend für die Methode ist jedoch ein anderer Test: Mit allen Modellversionen wurde das Klima auf dem Höhepunkt der letzten Eiszeit simuliert und all jene Modellversionen aussortiert, die das Eiszeitklima nicht realistisch wiedergaben. Das Eiszeitklima ist ein guter Test, weil es die jüngste Periode der Klimageschichte ist, in der ein wesentlich anderer CO_2-Gehalt der Atmosphäre herrschte als heute. Zudem gibt es eine Vielzahl guter Klimadaten aus dieser Zeit. Ist die Klimasensitivität im Modell zu hoch, ergibt sich ein unrealistisch kaltes Eiszeitklima. So konnte die Obergrenze der Klimasensitivität auf 4,3°C eingeschränkt werden. Andere Ensemble-Studien konnten die untere Grenze auf etwa 2°C eingrenzen.[54]

Zusammenfassend kann man sagen, dass drei ganz unterschiedliche Methoden jeweils zu Abschätzungen der Klimasensitivität kommen, die konsistent mit der noch aus den 1970er Jahren stammenden (beim damaligen Kenntnisstand noch auf tönernen Füßen stehenden) «traditionellen» Abschätzung von 1,5 bis 4,5°C sind. Dabei kann man einen Wert nahe an 3°C als den wahrscheinlichsten Schätzwert ansehen. Verschiedene Ensemble-Studien mit vielen Modellversionen (Methode 3) zeigen jeweils, dass die allermeisten der Modellversionen nahe 3°C liegen. Ein weiteres Indiz ist, dass die neuesten und besten der großen Klimamodelle in ihrer Klimasensitivität zunehmend bei Werten nahe 3°C konvergieren (Methode 1) – Modelle nahe den Rändern der traditionellen Spanne sind meist ältere Typen mit gröberer räumlicher Auflösung und einer weniger detaillierten Beschreibung der physikalischen Prozesse. Ein Wert von 3°C ist zudem konsistent mit den Eiszeitdaten (Methoden 2 und 3). Es ist daher unseres Erachtens eine realistische Zusammenfassung des Sachstandes, die Klimasensitivität als 3±1°C anzugeben, wobei die ±1°C etwa der in der Physik bei der Fehlerdarstellung üblichen 95%-Spanne entsprechen.

Wir verwenden auf die Klimasensitivität so viel Zeit, weil deren Wert für die Zukunft wichtiger ist als alles, was zuvor in diesem Kapitel über den bereits beobachteten Temperaturanstieg und seine Verursachung durch den Menschen gesagt wurde. Die Klimasensitivität sagt uns nämlich, welchen Klimawandel wir in Zukunft zu erwarten haben, wenn wir einen bestimmten Anstieg der CO_2-Konzentration verursachen. Für die Wahl des künftigen Energiesystems ist dies die entscheidende Frage. Dagegen ist es dafür unerheblich, ob der Einfluss des Menschen bereits heute in Messdaten nachweisbar ist oder nicht.

Sind die Abschätzungen der Klimasensitivität mit dem jüngst beobachteten Erwärmungstrend vereinbar? Der derzeitige Strahlungsantrieb der Treibhausgase (3 Watt/m²) würde mit dem wahrscheinlichsten Wert der Klimasensitivität (3 °C für Verdoppelung des CO_2) eine Erwärmung von ca. 2 °C ergeben – allerdings erst im Gleichgewicht, also nach langer Zeit. Durch die Trägheit der Ozeane hinkt die Reaktion des Klimasystems aber hinterher – nach Modellrechnungen sollten bislang etwa die Hälfte bis zwei Drittel der Gleichgewichtserwärmung realisiert sein, also mehr als 1 °C. Man sieht an dieser einfachen Überschlagsrechnung, dass die Treibhausgase (im Gegensatz zu allen anderen Ursachen) problemlos die gesamte Erwärmung des 20. Jahrhunderts erklären können. Sogar noch etwas darüber hinaus – die geringere beobachtete Erwärmung lässt sich dadurch erklären, dass die Treibhausgase ja nicht der einzige Einflussfaktor sind. Es gibt auch noch den kühlenden Effekt der besonders zwischen 1940 und 1970 ebenfalls durch menschliche Aktivitäten angestiegenen Aerosolkonzentration, der eine Größenordnung von ca. 1 Watt/m² hat. Genauere Berechnungen müssen mit Modellen erfolgen, da bei den Aerosolen auch die räumliche Verteilung des Antriebs wichtig ist und eine einfache Betrachtung globaler Werte nicht ausreicht. Eine Reihe solcher Modelle, die im Bericht des IPCC beschrieben sind, ergeben einen Beitrag anthropogener Ursachen (Treibhausgase und Aerosole) zur Erwärmung im 20. Jahrhundert von ca. 0,5 °C.

Solche Modellberechnungen zeigen auch eine gute Übereinstimmung zwischen dem beobachteten zeitlichen Verlauf der

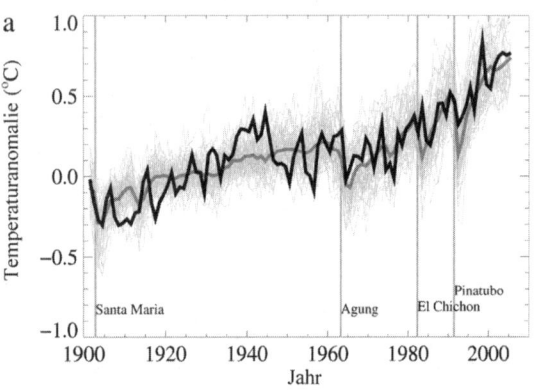

Abb. 2.5: Verlauf der globalen Temperatur 1900–2005, aus Messdaten (schwarze Kurve) und aus einem Ensemble von vier Modellsimulationen (grauer Bereich). (Quelle: IPCC[37])

Temperatur und demjenigen, der bei Berücksichtigung der verschiedenen Antriebsfaktoren vom Modell berechnet wird (Abb. 2.5). Die im 20. Jahrhundert beobachtete Klimaerwärmung ist daher vollkommen konsistent mit dem, was in der obigen Diskussion über die Klimasensitivität gesagt wurde. Näher eingrenzen lässt sich die Klimasensitivität mit Daten des 20 Jahrhunderts allerdings bislang nicht, weil die Unsicherheit über die Aerosolwirkung zu groß ist – falls deren kühlende Wirkung sehr groß ist, wäre auch eine sehr hohe Klimasensitivität noch vereinbar mit dem gemessenen Temperaturverlauf.

Projektionen für die Zukunft

Um die Auswirkungen eines künftigen weiteren Anstiegs der Treibhausgaskonzentration abzuschätzen, wird in der Klimaforschung in Modellrechnungen eine Reihe von Zukunftsszenarien durchgespielt. Diese Szenarien sind keine Prognosen. Sie dienen vor allem dazu, die Konsequenzen verschiedener Handlungsoptionen zu beleuchten, und funktionieren nach dem «Wenn-dann-Prinzip»: «Wenn das CO_2 um X ansteigen würde, würde dies zu einer Erwärmung um Y führen.»

Es soll also nicht vorhergesagt werden, wie viel CO_2 künftig emittiert wird, sondern es sollen die möglichen Folgen untersucht werden. Falls sich die Weltgemeinschaft dafür entscheidet, Klimaschutz zu betreiben und die CO_2-Konzentration zu stabilisieren, treten die pessimistischeren Szenarien nicht ein – das bedeutet natürlich nicht, dass dies dann «falsche Vorhersagen» waren, vielmehr wären diese Szenarien eine rechtzeitige Vorwarnung gewesen.

Darüber hinaus untersuchen die Szenarien in der Regel nur den *menschlichen* Einfluss auf das Klima, welchem sich aber auch noch natürliche Klimaschwankungen überlagern. Eine bestimmte Szenariorechnung könnte etwa zeigen, dass angenommene anthropogene Emissionen bis zum Jahr 2050 zu einer weiteren Erwärmung um 1°C im globalen Mittel führen. Die tatsächliche Temperatur im Jahr 2050 wird aber wahrscheinlich davon abweichen, selbst wenn die Emissionen wie angenommen eintreten und die Rechnung vollkommen korrekt war – natürliche Faktoren könnten das Klima etwas kühler oder wärmer machen. Sowohl Modellrechnungen als auch vergangene Klimadaten legen allerdings nahe, dass diese natürlichen Schwankungen über einen Zeitraum von 50 Jahren sehr wahrscheinlich nur wenige Zehntel Grad betragen werden. Im Extremfall könnten aber sehr große Vulkanausbrüche oder ein Meteoriteneinschlag zumindest für einige Jahre die gesamte Erwärmung zunichte machen und sogar eine Abkühlung unter das heutige Niveau hervorrufen. Die Naturgewalten werden immer zu einem gewissen Grade unberechenbar bleiben. Dies sollte den Menschen jedoch nicht daran hindern, sich über die Konsequenzen seines eigenen Handelns im Klaren zu sein.

Zur Berechnung von Klimaszenarien benötigt man zunächst Emissionsszenarien, also Annahmen über den künftigen Verlauf der menschlichen Emissionen von Kohlendioxid, anderen Treibhausgasen und Aerosolen. Zwischen 1996 und 2000 hat eine Gruppe von Wirtschaftswissenschaftlern für den IPCC ein ganzes Bündel von 40 solcher Szenarien entwickelt und im *Special Report on Emission Scenarios* beschrieben; diese Szenarien sind daher als *SRES*-Szenarien bekannt.[55] Sie decken die ganze Bandbreite von ökonomisch plausiblen künftigen Entwicklungen ab. Am pessimistischen Ende findet man eine Vervierfachung der CO_2-Emissionen bis zum Jahre 2100; die optimistische Variante ist ein moderater weiterer Anstieg, gefolgt von einer allmählichen Abnahme auf einen Bruchteil der heutigen Werte. Explizite Klimaschutzmaßnahmen berücksichtigen diese Szenarien nicht (Klimaschutzstrategien werden wir in Kapitel 5 diskutieren).

Die CO_2-Konzentration steigt in diesen Szenarien bis zum Jahr 2100 auf 540 bis 970 ppm (also ein Anstieg von 90 % bis 250 % über den vorindustriellen Normalwert von 280 ppm), wenn man annimmt, dass Ozeane und Biosphäre einen unveränderten Anteil unserer Emissionen aufnehmen. Berücksichtigt man noch, dass der Klimawandel auch diese Kohlenstoffaufnahme verändern kann (die so genannte Rückkopplung des Kohlenstoffkreislaufes), dann vergrößert sich diese Spanne auf 490 bis 1260 ppm. Wir sehen also, dass diese Szenarien ein sehr breites Spektrum künftiger Möglichkeiten abdecken. Der gesamte anthropogene Strahlungsantrieb im Jahr 2100 (alle Treibhausgase und Aerosole) variiert in diesen Szenarien zwischen 4 und 9 Watt/m² – trotz der sehr unterschiedlichen Annahmen über die Emissionen also nur um etwas mehr als einen Faktor zwei.

Um die denkbaren Auswirkungen dieser Szenarien auf die globale Mitteltemperatur zu berechnen, wurden für den letzten IPCC-Bericht Klimamodelle damit angetrieben, die weitgehend die Spanne der Unsicherheit in der Klimasensitivität erfassen. Im Ergebnis ergab sich eine Erwärmung um 1,1 bis 6,4 °C für den Zeitraum 1990 bis 2100 (Abb. 2.6), wobei die Kommastelle natürlich nicht zu ernst genommen werden sollte. Anders ausgedrückt: Wir müssen ohne Klimaschutzmaßnahmen bis zum Jahr 2100 eine anthropogene Erwärmung um knapp 2 °C bis mehr als 7 °C über den vorindustriellen Wert hinaus erwarten.[56]

Selbst bei sehr optimistischen Annahmen sowohl über die künftigen Emissionen als auch über die Klimasensitivität wird die Erwärmung insgesamt also mindestens das Dreifache dessen betragen, was wir bislang im 20. Jahrhundert erlebt haben. Unser Klima wird Temperaturen erreichen, wie es sie wahrscheinlich

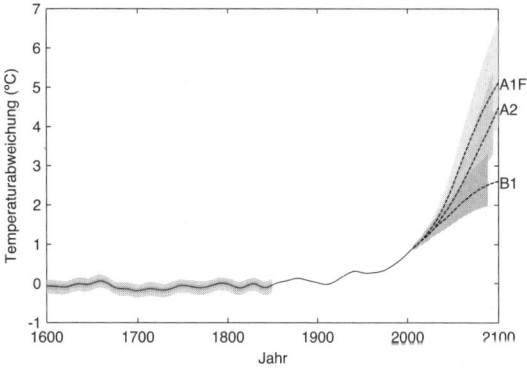

Abb. 2.6: Klimaentwicklung in Vergangenheit und Zukunft. Gezeigt sind die Messdaten der Wetterstationen (globales Mittel) und für die Zukunft drei IPCC-Szenarien bis zum Jahr 2100 (gestrichelt, B1, A2 und A1FI) mit ihren Unsicherheitsspannen). Selbst im optimistischsten der Szenarien wird die Erwärmung weit über die natürlichen Schwankungen der abgelaufenen Jahrhunderte hinausgehen. Dies gilt unabhängig von der Unsicherheit über den vergangenen Klimaverlauf: Gezeigt ist als Beispiel eine aktuelle Rekonstruktion von Mann et al. (2008).[57] Das weltweit offiziell anerkannte Ziel der Klimapolitik von maximal 2°C Erwärmung könnte ohne effektive Gegenmaßnahmen bereits in einigen Jahrzehnten überschritten werden.

seit mindestens 100 000 Jahren nicht auf der Erde gegeben hat. Im pessimistischen Fall dagegen werden wir die mittlere Temperatur der Erde von ca. 15 °C auf über 20 °C erhöhen – eine Erwärmung, die wohl selbst über viele Jahrmillionen einzigartig wäre.

Könnte es noch schlimmer kommen? Wenn auch nach gegenwärtigem Kenntnisstand nicht sehr wahrscheinlich, ist leider auch dies nicht ausgeschlossen – neuere Studien deuten auf die Gefahr einer größeren Freisetzung von CO_2 aus der Biosphäre infolge der Erwärmung hin. Dadurch würde die Konzentration auf noch höhere Werte steigen, und sogar eine globale Erwärmung um 7 oder 8 °C wäre möglich.[58]

Könnte es auch glimpflicher ausgehen als 2 °C Erwärmung? Nichts spricht dafür, dass die Natur uns auf einmal einen noch größeren Anteil unserer Emissionen abnehmen wird als bislang.

Und alles spricht gegen eine Klimasensitivität, die noch geringer ist als 2 °C. Auch auf eine rasche und ungewöhnlich starke Abnahme der Sonnenaktivität oder auf kühlende Vulkaneruptionen können wir kaum hoffen. So liegt es letztlich ganz in unserer Hand, die Klimaerwärmung in erträglichen Grenzen zu halten.

Wie sicher sind die Aussagen?

Die Frage nach der Sicherheit unseres Wissens kann man auch so stellen: Welche neuen Ergebnisse wären denkbar, die diese Erkenntnis erschüttern? Nehmen wir hypothetisch an, man würde schwere Fehler in einer ganzen Reihe von Datenanalysen finden und käme zur Erkenntnis, das Klima sei im Mittelalter doch bereits wärmer gewesen als heute. Daraus müsste man folgern, dass die Erwärmung im 20. Jahrhundert um 0,6 °C nicht ganz so ungewöhnlich ist wie bislang gedacht und dass auch natürliche Ursachen noch im letzten Jahrtausend ähnlich große Schwankungen verursacht hätten. Es würde folgen, dass die natürlichen Schwankungen, die sich jedem menschlichen Einfluss auf das Klima überlagern, größer sind als gedacht. Es würde jedoch *nicht* daraus folgen, dass auch die Erwärmung im 20. Jahrhundert natürliche Ursachen hat, denn die im Abschnitt «Die Ursachen der Erwärmung» genannten Argumente bleiben davon unberührt. Und, das ist das Entscheidende: Es würde *nicht* daraus folgen, dass die Klimasensitivität geringer ist als bislang angenommen. Wenn überhaupt, könnte man aus größeren Schwankungen in der Vergangenheit auf eine größere Klimasensitivität schließen – aber auch dies ist hier nicht der Fall, weil die oben geschilderten Abschätzungen der Klimasensitivität die Proxy-Daten des abgelaufenen Jahrtausends überhaupt nicht verwenden, sie sind also von möglichen neuen Erkenntnissen über diese Zeitperiode weitgehend unabhängig. Solange die Abschätzung der Klimasensitivität nicht revidiert wird, bleibt auch die Warnung vor der Wirkung unserer CO_2-Emissionen unverändert.

Nehmen wir an, neue Erkenntnisse würden eine starke Wirkung der Sonnenaktivität auf die Wolkenbedeckung ergeben, etwa durch Veränderung des Erdmagnetfeldes und der auf die

Erde auftreffenden kosmischen Strahlung (ein solcher Zusammenhang wird seit langem diskutiert, hat sich jedoch bislang nicht erhärten lassen). Man hätte dann einen Mechanismus gefunden, wodurch die Sonnenschwankungen sich wesentlich stärker auf das Klima auswirken als bislang gedacht. Daraus würde jedoch *nicht* folgen, dass die Erwärmung der letzten Jahrzehnte durch Sonnenaktivität verursacht wurde, denn weder Sonnenaktivität noch kosmische Strahlung weisen seit 1940 einen Trend auf.[47] Einen Erwärmungstrend kann man so deshalb nicht erklären. Und nochmals: Die Abschätzungen der Klimasensitivität, und damit der zukünftigen Erwärmung durch unsere Emissionen, blieben davon unberührt.

Diese Beispiele illustrieren eine Grundtatsache: Der einzige wissenschaftliche Grund für eine Entwarnung wäre, wenn man die Abschätzung der Klimasensitivität stark nach unten korrigieren müsste. Und dafür gibt es nur eine Möglichkeit: Es müsste starke negative Rückkopplungen geben, die die Reaktion des Klimasystems auf die Störung des Strahlungshaushaltes durch CO_2 abschwächen.

Der Amerikaner Richard Lindzen, der vielen als der einzige fachlich ernst zu nehmende Skeptiker einer anthropogenen Erwärmung gilt, verwendet daher auch genau dieses Argument. Er postuliert einen starken negativen Rückkopplungseffekt in den Tropen, den von ihm so genannten Iris-Effekt, der dort eine Klimaänderung verhindert. Er hält deshalb die Klimasensitivität für praktisch gleich null. Auf das Argument, es habe in der Vergangenheit Eiszeiten und andere starke Klimaänderungen gegeben, erwiderte Lindzen, dabei habe sich nur die Temperatur der hohen Breitengrade verändert, die globale Mitteltemperatur jedoch kaum.[59] Zu der Zeit, als Lindzen seine Iris-Theorie aufstellte, konnte man in der Tat aufgrund der unsicheren Daten noch so argumentieren; inzwischen gilt unter Paläoklimatologen durch neue und verbesserte Proxy-Daten aber als gesichert, dass sich auch die Temperaturen der Tropen bei früheren Klimaänderungen um mehrere Grad verändert haben. Auf dem Höhepunkt der letzten Eiszeit lag auch die globale Mitteltemperatur nach heutiger Kenntnis 4 bis 7 °C unterhalb der derzeitigen. Deshalb (und weil er bislang empirische Belege für den Iris-Effekt schuldig geblieben ist) konnte Lindzen kaum einen Fachkollegen für seine Hypothese gewinnen.

Die erheblichen Klimaschwankungen der Klimageschichte sind das stärkste Argument dafür, dass das Klimasystem tatsächlich sensibel reagiert und die heutige Abschätzung der Klimasensitivität so falsch nicht sein kann. Gäbe es starke negative Rückkopplungen, die eine größere Klimaänderung verhindern würden, dann wären auf einmal die meisten Daten der Klimageschichte unverständlich. Hunderte von Studien wären allesamt falsch, und wir müssten beim Schreiben der Klimageschichte ganz von vorne anfangen. Doch eine solche noch unbekannte negative Rückkopplung wäre der einzige Ausweg aus der ansonsten unausweichlichen Folgerung, dass eine Erhöhung der Treibhausgaskonzentration die von den Klimatologen vorhergesagte Erwärmung verursachen wird. Es wäre töricht, auf die winzige Chance zu hoffen, dass künftig eine solche negative Rückkopplung entdeckt werden wird.

Zusammenfassung

Einige wichtige Kernaussagen haben sich in den abgelaufenen Jahrzehnten der Klimaforschung so weit erhärtet, dass sie unter den aktiven Klimaforschern allgemein als gesichert gelten und nicht mehr umstritten sind. Zu diesen Kernaussagen gehören:

(1) Die Konzentration von CO_2 in der Atmosphäre ist seit ca. 1850 stark angestiegen, von dem für Warmzeiten seit mindestens 800 000 Jahren typischen Wert von 280 ppm auf inzwischen 389 ppm.

(2) Für diesen Anstieg ist der Mensch verantwortlich, in erster Linie durch die Verbrennung fossiler Brennstoffe, in zweiter Linie durch Abholzung von Wäldern.

(3) CO_2 ist ein klimawirksames Gas, das den Strahlungshaushalt der Erde verändert: Ein Anstieg der Konzentration führt zu einer Erwärmung der oberflächennahen Temperaturen. Bei einer Verdoppelung der Konzentration liegt die Erwärmung im globalen Mittel sehr wahrscheinlich bei $3 \pm 1\,°C$.

(4) Das Klima hat sich im 20. Jahrhundert deutlich erwärmt (global um ca. 0,7 °C, in Deutschland um ca. 1 °C); die Temperaturen der abgelaufenen zehn Jahre waren global die wärmsten seit Beginn der Messungen im 19. Jahrhundert und seit mindestens mehreren Jahrhunderten davor.

(5) Der überwiegende Teil dieser Erwärmung ist auf die gestiegene Konzentration von CO_2 und anderen anthropogenen Gasen zurückzuführen; ein kleinerer Teil auf natürliche Ursachen, u. a. Schwankungen der Sonnenaktivität.

Aus den Punkten 1 bis 3 folgt, dass die bislang schon sichtbare Klimaänderung nur ein kleiner Vorbote viel größerer Veränderungen ist, die bei einem ungebremsten weiteren Anstieg der Treibhausgaskonzentration eintreten werden. Bei Annahme einer Reihe plausibler Szenarien für die künftigen Emissionen, und unter Berücksichtigung der verbleibenden Unsicherheiten in der Berechenbarkeit des Klimasystems, rechnet das IPCC in seinem letzten Bericht mit einem globalen Temperaturanstieg von 1,1 bis 6,4 °C bis zum Jahr 2100 (über das Niveau von 1990 hinaus). Dabei sind nach neueren Studien auch noch höhere Werte nicht ausgeschlossen, wenn es zu verstärkenden Rückkopplungen im Kohlenstoffkreislauf kommen sollte.

Die letzte vergleichbar große globale Erwärmung gab es, als vor ca. 15 000 Jahren die letzte Eiszeit zu Ende ging: Damals erwärmte sich das Klima global um ca. 5 °C. Doch diese Erwärmung erfolgte über einen Zeitraum von 5000 Jahren – der Mensch droht nun einen ähnlich einschneidenden Klimawandel innerhalb eines Jahrhunderts herbeizuführen. Einige der möglichen Auswirkungen werden wir im nächsten Kapitel diskutieren.

3. Die Folgen des Klimawandels

Wie wir im letzten Kapitel gesehen haben, stehen wir sehr wahrscheinlich am Anfang eines erheblichen Anstiegs der mittleren globalen Temperatur um mehrere Grad Celsius. Diese mittlere globale Temperatur ist allerdings nur eine berechnete Größe. Niemand kann sie direkt erfahren; Pflanzen, Tiere und Menschen leben an bestimmten Orten, und regional kann die Ausprägung des Klimawandels sehr unterschiedlich aussehen. Selbst an einem Ort erlebt niemand die mittlere Jahrestemperatur; man erlebt das Auf und Ab im Tages- und Jahreslauf und die Extreme des Wetters, und die Temperatur kann ein weniger wichtiger Aspekt des Klimawandels sein als z. B. veränderte Niederschläge. In diesem Kapitel wird uns daher die Frage beschäftigen, welche konkreten Auswirkungen der Klimawandel haben könnte und welche Auswirkungen heute bereits zu beobachten sind.

Zum Verständnis sind dabei einige Vorbemerkungen wichtig. Die regionale Ausprägung des Klimawandels hängt stark von der atmosphärischen und ozeanischen Zirkulation ab – Veränderungen dieser Zirkulation können z. B. die Zugbahn von Tiefdruckgebieten oder die vorherrschende Windrichtung verändern und damit zu stark veränderten Temperaturen und Niederschlägen führen. Daher gibt es regional stärkere Schwankungen als global (vgl. Abb. 2.3 und 2.4), und das regionale Klima hängt von komplexeren und schwerer berechenbaren Prozessen ab als die globale Mitteltemperatur (die durch die relativ einfache globale Strahlungsbilanz bestimmt ist, siehe Kap. 1). Regionale Aussagen sind daher grundsätzlich mit größerer Unsicherheit behaftet als globale Aussagen. Eine andere Faustregel lautet, dass Aussagen über Niederschläge in der Regel unsicherer sind als Aussagen über Temperaturen, da die Entstehung von Schnee oder Regen mit komplexen und teils sehr kleinräumigen physikalischen Prozessen verbunden ist.

3. Die Folgen des Klimawandels

Eine weitere Vorbemerkung betrifft die bereits heute zu beobachtenden Auswirkungen des Klimawandels. Hier ist zu bedenken, dass die globale Erwärmung im 20. Jahrhundert lediglich ca. 0,6 °C betragen hat. Viele Datensätze (z. B. alle Satellitendaten), etwa über die Veränderung der Meereisbedeckung oder Veränderungen an Ökosystemen, gehen nur wenige Jahrzehnte zurück und erfassen damit einen Zeitraum, in dem sich das globale Klima nur um ca. 0,3 °C oder noch weniger verändert hat. Typische, moderate Erwärmungsszenarien lassen jedoch eine Erwärmung um ca. 3 °C bis Ende dieses Jahrhunderts erwarten. Wir haben also bislang nur die ersten Anfänge und einen kleinen Bruchteil der Erwärmung gesehen, die uns in diesem Jahrhundert ohne entschlossene Gegenmaßnahmen bevorstehen wird.

Daher ist einerseits der Nachweis von bereits eingetretenen Folgen der Erwärmung schwierig, weil das gesuchte «Signal» bislang noch sehr klein ist – es ist eine Suche nach ersten Anzeichen, nicht nach dramatischen Wirkungen. Es ist nicht verwunderlich, dass viele Folgen aufgrund der begrenzten Daten wissenschaftlich noch nicht eindeutig nachweisbar sind – dies bedeutet deshalb nicht, dass künftig keine erheblichen Auswirkungen zu erwarten sind. Andererseits muss dort, wo bereits jetzt messbare Folgen eingetreten sind (etwa beim Gletscherschwund), künftig mit noch um ein Vielfaches stärkeren Auswirkungen gerechnet werden.

Manche Auswirkungen sind zudem stark nichtlinear. Ökologen rechnen zum Beispiel damit, dass eine moderate Erhöhung des CO_2 günstig für das Waldwachstum ist, während es bei einer zu starken Klimaänderung zum Absterben von Wäldern kommen dürfte – in diesem Fall gehen also die ersten beobachteten Auswirkungen in die entgegengesetzte Richtung dessen, was für die Zukunft zu erwarten ist.[60] Ein anderes Beispiel dafür ist der Wasserabfluss in Gletscherflüssen, der zunächst durch die Gletscherschmelze zunehmen, dann aber nach Verschwinden der speisenden Gletscher versiegen wird.

Im Folgenden werden wir einige der wichtigsten Auswirkungen des Klimawandels skizzieren, angefangen mit recht einfachen physikalischen Effekten wie dem Rückgang der Eismassen und dem Anstieg des Meeresspiegels über komplexere physikalische Wirkungen auf die atmosphärische und ozeanische Zirkulation und auf Wetterextreme bis hin zu den Auswirkungen auf Ökosysteme, Landwirtschaft und Gesundheit. Dabei können in der Kürze eines Kapitels natürlich nicht alle möglichen Auswirkungen behandelt werden. Zudem muss bei einem so starken Eingriff in ein so komplexes System wie dem Erdsystem stets auch mit Überraschungen gerechnet werden – also mit Wirkungen, an die zuvor kein Wissenschaftler gedacht hat oder die zunächst nicht ersichtlich sind. Die Entstehung des Ozonlochs ist ein warnendes Beispiel: Jahrzehntelang wurden Fluorchlorkohlenwasserstoffe (FCKWs) industriell hergestellt und vielseitig verwendet, ohne dass jemand daran gedacht hätte, dass diese Stoffe die Ozonschicht zerstören könnten. Die Konzentration von FCKW verdreifachte sich in der Atmosphäre ohne schädliche Wirkung – erst als sie den kritischen Wert von 2 ppb erreichte, kollabierte die Ozonschicht über der Antarktis.

Der Gletscherschwund

Zu den sichtbarsten Auswirkungen der Klimaerwärmung gehört der Rückgang der Gebirgsgletscher (siehe vordere Umschlaginnenseite). Selbst wenn wir nicht über zuverlässige Messreihen aus dem globalen Netzwerk der Wetterstationen verfügen würden, wäre der u. a. durch historische Fotos und durch die von Gletschern zurückgelassenen Endmoränen belegte weltweite Gletscherschwund ein klarer Indikator für den Klimawandel. In den Alpen haben die Gletscher seit Beginn der Industriellen Revolution mehr als die Hälfte ihrer Masse verloren; in letzter Zeit hat der Rückgang sich beschleunigt.[61] Ein ähnlich deutlicher Rückgang ist fast überall auf der Welt zu beobachten.

Da Gletscher sensibel auf Klimaveränderungen reagieren, sind sie eine Art Frühwarnsystem – der amerikanische Gletscherexperte Lonnie Thompson nennt sie die «Kanarienvögel im Bergwerk» des Klimasystems. Die Massenbilanz von Gletschern hängt dabei nicht nur von der Temperatur, sondern auch von den Niederschlägen und der Sonneneinstrahlung ab – dennoch gilt in der Regel, dass in einem wärmeren Klima die Gletscher kleiner sind. Nur in speziellen Ausnahmefällen sind Veränderungen in Niederschlag und Bewölkung so stark, dass sich Gletscher trotz einer Erwärmung ausdehnen – dies kommt in Gebieten mit besonders großen und variablen Niederschlagsmengen vor, insbesondere bei den maritimen Gletschern Norwegens oder den Gletschern an der Westküste der Südinsel Neuseelands. Beide Regionen haben in den letzten Jahrzehnten Phasen mit Gletschervorstößen erlebt; über das 20. Jahrhundert insgesamt sind aber selbst dort die Gletscher deutlich zurückgegangen.

Ein interessantes Beispiel für tropische Gletscher bietet die Eiskappe auf dem Kilimandscharo, eine der wichtigsten Touristenattraktionen in Tansania. Thompson leitet dort ein Messprogramm und hat den Rückgang des Eises dokumentiert. Hält der Trend der letzten Jahrzehnte unverändert an, dürfte die Eiskappe bereits um das Jahr 2020 völlig verschwunden sein.[62] Bohrungen in der Eiskappe reichen 11 700 Jahre zurück; sie belegen also, dass das Eis im Holozän niemals ganz verschwunden war. Zudem zeigen sich im Eis aus dem späten 20. Jahrhundert erstmals veränderte Kristallstrukturen, die auf Abschmelzen und erneutes Gefrieren zurückgehen. Solche Strukturen finden sich sonst nirgendwo im ganzen Eiskern.

Thompson hat in entbehrungsreichen Expeditionen Bohrkerne aus vielen tropischen Gletschern in sein Labor in Ohio gebracht, u. a. aus dem Himalaja und den Anden. So konnte er belegen, dass die für das Holozän außergewöhnliche Klimaerwärmung typisch für tropische Gebirgsregionen auf allen Kontinenten ist; sie kann also nicht allein durch ein lokales Phänomen (etwa Abholzung an den Hängen des Kilimandscharo) verursacht worden sein.[63]

Die starke Reaktion vieler Gletscher bereits auf eine relativ geringe Erwärmung deutet darauf hin, dass bei einer globalen Erwärmung um mehrere Grad die meisten Gebirgsgletscher der Welt verschwinden werden. Gletscher dienen als Wasserspeicher, die auch bei stark saisonalen Niederschlägen ganzjährig Schmelzwasser abgeben und Flüsse speisen. In vielen Gebirgsregionen hängt die Landwirtschaft oder die städtische Wasserversorgung (z. B. in Perus Hauptstadt Lima) von dieser Wasserquelle ab; ihr Verschwinden wird daher regional zu erheblichen Problemen führen und bedroht viele Millionen Menschen mit Wassermangel.

Rückgang des arktischen Meer-Eises

Im Gegensatz zum Südpol befindet sich am Nordpol kein Kontinent, sondern der arktische Ozean, der von einer im Mittel ca. zwei Meter dicken Eisschicht bedeckt ist. Im November 2004 wurde eine umfangreiche internationale Studie unter Beteiligung von 300 Wissenschaftlern (u. a. vom Alfred-Wegener-Institut in Bremerhaven) veröffentlicht, die sich speziell den Auswirkungen des Klimawandels auf die Arktisregion widmete (*Arctic Climate Impact Assessment*[64]).

Zu den wichtigsten Folgerungen dieser Studie gehört, dass bereits jetzt ein spürbarer Rückgang des arktischen Meer-Eises zu verzeichnen ist, der sich nicht durch natürliche Prozesse, sondern nur mit dem Einfluss des Menschen erklären lässt. Diese Erkenntnis beruht zum einen auf Satellitenmessungen der Ausdehnung des Eises, zum anderen auf Zusammenstellungen von Beobachtungen von Schiffen und von Küsten aus, die bis ins Jahr 1900 zurückgehen und etwa 77 % der Fläche der Arktis erfassen. Die Daten zeigen, dass die Ausdehnung der Eisdecke im Sommer in den abgelaufenen 30 Jahren um 20 % abgenommen hat; die Satellitenzeitreihe von 1978 bis 2010 zeigt die geringste je gemessene Eisausdehnung im September 2007 (4,7 Millionen Quadratkilometer). Die Langzeitdaten legen trotz ihrer Unvollständigkeit nahe, dass die derzeitige Schrumpfung der Eisdecke ein für das 20. Jahrhundert einmaliger Vorgang ist. Die Eisfläche war 2007 nur noch halb so groß wie in den 1960er Jahren.

Auch die Dicke des Eises geht zurück. Eine 2008 publizierte Studie hat gezeigt, dass die Dicke des Eises sich zwischen 2001 und 2007 halbiert hat. Die Autoren befürchten, dass diese Abnahme der Eisdicke schon bald zu einem im Sommer eisfreien Nordpolarmeer führen könnte.[65]

Neuere Modellrechnungen für den arktischen Ozean mit hoher räumlicher Auflösung, angetrieben mit beobachteten Wetterdaten, stützen diese Befürchtungen – für die letzten Jahrzehnte ergeben sie eine Abnahme der Eisausdehnung, die gut mit den oben genannten Satellitendaten übereinstimmt. Gleichzeitig nimmt im Modell die Eisdicke aber wesentlich stärker ab – danach hätte das Volumen des arktischen Meer-Eises zwischen 1997 und 2003 um ein Drittel abgenommen. Ältere Modellszenarien gingen noch davon aus, dass gegen Ende des Jahrhunderts der arktische Ozean im Sommer eisfrei sein könnte. Inzwischen erscheint es wahrscheinlicher, dass dies sogar bereits vor der Mitte des Jahrhunderts der Fall sein wird.

Der Rückgang des arktischen Meer-Eises hat eine Reihe von Konsequenzen. Physikalisch gesehen würde der Ersatz der weißen, viel Sonnenlicht reflektierenden Eisfläche durch dunkles Wasser die Energiebilanz der Polarregion drastisch verändern, die Erwärmung verstärken und voraussichtlich die atmosphärische und ozeanische Zirkulation stark beeinflussen. Der Lebenszyklus vieler Tiere hängt vom Meer-Eis ab, etwa der der Eisbären und Walrosse, einiger Seehundarten und Seevögel, die in ihrem Bestand zurückgehen oder vom Aussterben bedroht würden.

Die Jahrtausende alte Jagdkultur der Inuit wäre ebenfalls gefährdet. Auf einem internationalen Symposium über regionale Auswirkungen des Klimawandels im Jahr 2004 in Peking berichteten Vertreter der Inuit aus Alaska eindrücklich über die bereits stattfindenden Veränderungen; so haben in letzter Zeit etliche ihrer Jäger das Leben verloren, weil sie auf seit Generationen überlieferten Jagdrouten durch das dünn gewordene Eis gebrochen sind. Durch den Rückzug des Eises verlieren die arktischen Küsten ihren Schutz vor Erosion durch Wellen bei Sturm. Aus diesem Grund muss die Ortschaft Shishmaref bereits umgesiedelt werden; weitere werden wohl folgen. Doch manche erhoffen sich bereits neue Chancen für die Wirtschaft – so ermöglicht der Rückgang des Eises die Öffnung des arktischen Ozeans für die Schifffahrt.

Tauen des Permafrosts

Sowohl in Gebirgsregionen als auch in polaren Breiten ist der Erdboden (bis auf eine dünne Oberflächenschicht im Sommer) dauerhaft gefroren; man nennt dies Permafrost. Aufgrund der Erwärmung tauen Permafrostböden auf, was in Anfängen bereits heute zu beobachten ist. Im Gebirge werden dadurch Abhänge instabil, und es kommt zu Bergstürzen und Murenabgängen. Ein Beispiel war der spektakuläre Abbruch von rund tausend Kubikmetern Fels am Matterhorn im Hitzesommer 2003, nachdem die Nullgradgrenze auf ein Rekordniveau von 4800 m geklettert war. Straßen und Ortschaften im Gebirge werden durch derartige Abbrüche zunehmend gefährdet, und kostspielige und unansehnliche Schutzverbauungen an Gebirgshängen werden erforderlich. In den Alpen werden bereits die ersten Verankerungen von Seilbahnpfosten unsicher.

In polaren Regionen sind Häuser und Infrastruktur im Permafrost verankert. Durch das Auftauen werden die Böden weich und schlammig. Straßen, Ölpipelines und Häuser sinken regelrecht ein. Der Zugang zu nördlich gelegenen Ortschaften auf dem Landweg wird dadurch bei weiterer Erwärmung erheblich erschwert. Teilweise sinken bereits in ganzen Waldstücken die Bäume um, weil sie im aufgeweichten Boden keinen Halt mehr finden. Zudem versickern Seen, die sich normalerweise im Sommer oberhalb der Permafrostschicht bilden und den Tieren als Trinkwasserquelle dienen.

Die Eisschilde in Grönland und der Antarktis

Die Erde hat derzeit zwei große kontinentale Eisschilde, in Grönland und in der Antarktis. Dies war nicht immer so – vor Jahrmillionen, zu Zeiten höherer CO_2-Konzentration und wesentlich wärmeren Klimas, war die Erde praktisch eisfrei (Abb. 1.2). Die derzeitigen Eisschilde sind 3 bis 4 km dick. Wie wird sich die aktuelle globale Erwärmung auf diese Eismassen auswirken?

Das Grönland-Eis erhält in den zentralen Bereichen durch Schneefälle ständig Nachschub; an den Rändern schmilzt es hingegen (Kap. 1). Normalerweise sind beide Prozesse im Gleichgewicht. Erwärmt sich das Klima, dehnt sich die Schmelzzone aus und das Abschmelzen beschleunigt sich; auch die Niederschläge können zunehmen. Insgesamt verändert sich die Massenbilanz so, dass das Eis (ähnlich wie die bereits diskutierten Gebirgsgletscher) an Masse verliert. Im Prinzip lassen sich Änderungen im Volumen des Eises durch Präzisionsmessungen von Flugzeugen oder Satelliten aus bestimmen. Beide Methoden ergeben einen Trend zur Abnahme, allerdings sind die Unsicherheiten noch erheblich, und die Zeitreihen sind kurz, sodass quantitative Schlussfolgerungen nach unserer Einschätzung derzeit noch nicht belastbar sind. Eindeutiger sind die Messungen der Abschmelzfläche, die sich auf Satellitenbildern erkennen lässt. Diese Fläche hat von 1979 bis 2005 um 25% zugenommen; im Jahr 2005 erreichte sie den bisherigen Höchststand.[64]

Modellrechnungen haben ergeben, dass bei einer Erwärmung um lokal 3°C (die schon bei einer Erwärmung um *global* weniger als 2°C erreicht werden könnte[66]) wahrscheinlich das gesamte Grönland-Eis allmählich abschmelzen wird.[67] Dabei spielt eine verstärkende Rückkopplung eine zentrale Rolle: Sobald der Eispanzer dünner wird, sinkt seine Oberfläche in niedrigere und damit wärmere Luftschichten ab, was das Abschmelzen noch beschleunigt. Das Grönland-Eis war bislang deshalb so stabil, weil aufgrund seiner Dicke große Bereiche in mehreren tausend Metern Höhe und damit in sehr kalter Luft liegen.

Wie schnell das Grönland-Eis abschmelzen könnte, wird derzeit intensiv diskutiert; diese Frage ist besonders wichtig im Hinblick auf den Anstieg des Meeresspiegels und auf die Stabilität der Meeresströmungen (siehe unten). In den letzten Jahren beobachtet man in Grönland dynamische Prozesse, insbesondere ein schnelleres Fließen des Eises, die ein rascheres Abschmelzen ermöglichen als bislang erwartet.[68, 69]

Die Antarktische Eismasse unterscheidet sich vom Grönland-Eis dadurch, dass sie praktisch überall deutlich unter dem Gefrierpunkt liegt, woran sich auch nach einer Klimaerwärmung um ein paar Grad nichts ändern wird. Der Eisschild schmilzt daher nicht an Land, sondern erst im Kontakt mit wärmerem

Ozeanwasser, nachdem er als Eisschelf auf das Meer hinausgeflossen ist. Deshalb wurde in den IPCC-Berichten für die Zukunft kein Abschmelzen der Antarktis erwartet, sondern im Gegenteil ein leichter Zuwachs an Eis aufgrund erhöhter Schneefallmengen. Allerdings stellt der letzte IPCC-Bericht 2007[37] ebenfalls fest, dass die Antarktis in den letzten zehn Jahren an Eismasse verloren hat.

Auch in der Antarktis mehren sich jedoch neue Hinweise auf eine mögliche dynamische Reaktion des Eises, insbesondere des kleineren West-Antarktischen Eisschildes. Im Februar 2002 zerbarst das jahrtausendealte Larsen-B-Eisschelf vor der Antarktischen Halbinsel auf spektakuläre Weise in tausende Stücke nach einer Erwärmung in dieser Region (Abb. 3.1). Da Eisschelfe auf dem Meer schwimmen, hat ihr Zerfall zunächst keine direkte Auswirkung auf den Meeresspiegel (so wie das Schmelzen der Eiswürfel nicht den Flüssigkeitsspiegel im Whiskyglas erhöht). Glaziologen wie den Amerikaner Richard Alley, der die Eisschilde kennt wie kaum ein zweiter, beunruhigt daran jedoch

Abb. 3.1: Das Larsen-B-Eisschelf an der Antarktischen Halbinsel auf Satellitenaufnahmen vom 31. Januar (links) und 5. März 2002 (rechts). (Quelle: NASA[73]) Die dunklen Flecken auf dem Eisschelf im linken Bild zeigen Schmelzwasser auf seiner Oberfläche, das später in Ritzen des Eises eingedrungen und sein Zerbersten verursacht hat.

etwas anderes: Die Eisströme, die hinter dem Larsen-B-Eisschelf vom Kontinental-Eis abfließen, haben sich seither stark beschleunigt (bis zur achtfachen Geschwindigkeit).[70, 71] Offenbar bremsen die schwimmenden Eisschelfe den Abfluss von dahinter auf dem Land liegenden Eis ins Meer; dies bestätigen auch Befunde aus anderen Teilen der Antarktis.[72] Das bedeutet: Sollten größere Eisschelfe, etwa das Ross-Eisschelf, eines Tages ebenfalls verschwinden, dann muss mit einem beschleunigten Abfließen des West-Antarktischen Eisschildes gerechnet werden. Der Mechanismus ist ein anderer, der Effekt jedoch der gleiche wie in Grönland: Durch eine in den bisherigen Abschätzungen des IPCC nicht berücksichtigte Dynamik im Eisfluss könnten die Eismassen erheblich schneller abnehmen als bislang angenommen.

Ein dynamischer Zerfall der Eisschilde könnte möglicherweise in einem Zeitraum von Jahrhunderten, statt Jahrtausenden, ablaufen.[74] Für verlässliche Prognosen über die weitere Entwicklung der Eisschilde reicht der wissenschaftliche Kenntnisstand derzeit (und auf absehbare Zeit) nicht aus. Je stärker die Erwärmung, desto mehr wächst jedoch das Risiko eines raschen Zerfalls von Eismassen, der nur sehr schwer zu stoppen wäre, wenn er einmal in Gang gekommen ist.

Der Anstieg des Meeresspiegels

Eine der wichtigsten physikalischen Folgen einer globalen Erwärmung ist ein Anstieg des Meeresspiegels. Man sieht dies auch an der Klimageschichte: Auf dem Höhepunkt der letzten Eiszeit (vor 20 000 Jahren), als das Klima global ca. 4 bis 7 °C kälter war, lag der Meeresspiegel ca. 120 m niedriger als heute, und man konnte z. B. trockenen Fußes auf die Britischen Inseln gelangen. Am Ende der Eiszeit stieg der Meeresspiegel rasch an: um bis zu 5 m pro Jahrhundert.[75] Während der letzten Warmperiode dagegen, dem Eem (vor 120 000 Jahren), war das Klima geringfügig wärmer als heute (ca. 1 °C), der Meeresspiegel aber wahrscheinlich mehrere Meter höher (Schätzungen variieren von 2 bis 6 m).[76]

Derart große Meeresspiegeländerungen haben ihre Ursache

überwiegend in Veränderungen der Eismassen auf der Erde. Das Grönland-Eis bindet eine Wassermenge, die bei seinem kompletten Abschmelzen einen weltweiten Meeresspiegelanstieg von 7 m bedeuten würde. Im West-Antarktischen Eisschild sind 6 m Meeresspiegel gespeichert, im Ost-Antarktischen Eisschild (das bislang als weitgehend stabil gilt) sogar über 50 m. Die Stabilität der Eisschilde in Grönland und der West-Antarktis ist daher die große Unbekannte bei Abschätzungen des künftigen Meeresspiegelanstiegs.

Andere Beiträge zum globalen Meeresspiegel sind vor allem die besser berechenbare thermische Ausdehnung des Wassers (wärmeres Wasser nimmt mehr Volumen ein) und das Abschmelzen der kleineren Gebirgsgletscher. Vor Ort hängt der Meeresspiegel dazu noch von Veränderungen der Meeresströmungen und von geologischen Prozessen (lokale Hebung oder Senkung von Landmassen) ab, die sich dem globalen Trend überlagern. Solange der globale Trend noch klein ist, können die lokalen Prozesse überwiegen – so gibt es derzeit trotz des globalen Meeresspiegelanstiegs noch Gebiete mit fallendem Meeresspiegel, etwa im Indischen Ozean um die Malediven.

Im 20. Jahrhundert ist der Meeresspiegel nach Pegelmessungen an den Küsten um global 15 bis 20 cm angestiegen (Abb. 3.2) – die Ungenauigkeit kommt von der begrenzten Zahl und Qualität der Messreihen und den eben genannten regionalen Unterschieden. Dieser Anstieg muss durch moderne Prozesse hervorgerufen sein (ist also nicht etwa eine Nachwirkung der vor rund 10 000 Jahren zu Ende gegangenen letzten Eiszeit), denn über die beiden Jahrtausende davor war der Meeresspiegel weitgehend stabil.[77]

Seit 1993 lässt sich der Meeresspiegel global und exakt von Satelliten aus messen – über diesen Zeitraum ist ein Anstieg um 3 cm/Jahrzehnt zu verzeichnen (Abb. 3.2). Bis zu 0,5 cm davon sind wahrscheinlich eine Erholung nach der Abkühlung durch den Pinatubo-Ausbruch im Jahr 1991 und damit ein vorübergehender Effekt. Die verbleibenden 2,5 cm/Dekade weisen dennoch auf eine Beschleunigung gegenüber dem Durchschnitt von 1,5 bis 2 cm/Dekade im 20. Jahrhundert hin.[78] Unabhängige Schätzungen der einzelnen Beiträge ergeben aktuell 1,6 cm/De-

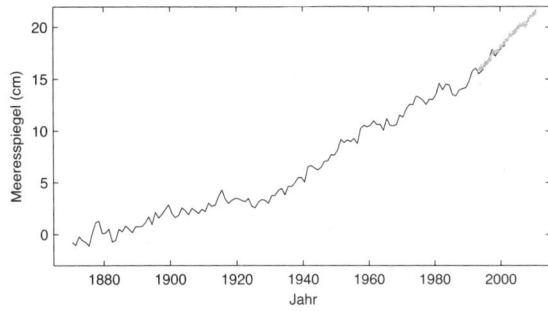

Abb. 3.2: Der Anstieg des Meeresspiegels nach Pegelmessungen an den Küsten (schwarze Linie) sowie nach Satellitenmessungen ab 1993 (graue Linie). (Quelle: aktualisiert nach Church und White 2006[79] sowie Cazenave und Nerem 2004[78])

kade durch die Erwärmung des Meerwassers, 0,9 cm/Dekade von Gebirgsgletschern und 0,2 cm/Dekade von den beiden Kontinentaleismassen, sodass diese Schätzungen recht gut mit den Satellitenmessungen übereinstimmen.

Die verschiedenen Szenarien des IPCC-Berichts 2007 sahen einen Anstieg von 18 bis 59 cm von 1990 bis zum Jahr 2100 voraus, plus einen unbestimmten Beitrag von dynamischen Fließprozessen der großen Eisschilde. Die derzeit beobachtete Anstiegsrate liegt am obersten Rand der Modellszenarien.[80] Seither erschienene Studien deuten auf einen Meter Anstieg oder gar mehr bis 2010 hin.[81]

Wenn die Gebirgsgletscher eine Frühwarnung der Erwärmung sind, ist der Meeresspiegelanstieg eher eine Spätfolge: Er beginnt nur langsam, hält aber sehr lange an. Der Grund ist, dass sowohl das Abschmelzen der Eisschilde als auch die thermische Ausdehnung des Meerwassers auf einer Zeitskala von Jahrhunderten erfolgen – Letzteres, weil die Wärme nur langsam von der Meeresoberfläche in den tiefen Ozean vordringt. Dies bedeutet, dass der Meeresspiegel noch jahrhundertelang weiter ansteigen wird, selbst nachdem die Klimaerwärmung aufgehört hat.

Zur Illustration zeigt Tabelle 3.1 eine Abschätzung des Meeresspiegelanstiegs bis zum Jahr 2300 für ein Szenario, bei dem die globale Erwärmung bei 3 Grad über dem vorindustriellen

Mechanismus	Anstieg in Metern
Thermische Ausdehnung	0,4–0,9m
Gebirgsgletscher	0,2–0,4m
Grönland	0,9–1,8m
West-Antarktis	1–2m
Summe	**2,5–5,1 m**

Tab. 3.1: Geschätzter globaler Meeresspiegelanstieg bis zum Jahr 2300 bei einer auf 3°C begrenzten globalen Erwärmung (Erläuterung im Text).

Wert gestoppt wird und die globale Temperatur danach konstant bleibt. Bei einer Klimasensitivität von 3°C entspricht dieses Szenario also der Wirkung einer Verdoppelung der CO_2-Konzentration. Berücksichtigt man auch den Beitrag anderer Klimagase, so wird diese Wirkung bereits bei einer CO_2-Konzentration von ca. 450 ppm erreicht, also voraussichtlich in wenigen Jahrzehnten. Die Zahlen der Tabelle beruhen im Wesentlichen auf Angaben des IPCC-Berichts 2001, mit Ausnahme der Zahlen für Eisschilde. Für Grönland stammt der niedrigere Wert aus diesem Bericht; wegen der oben diskutierten dynamischen Prozesse wurde für den höheren Wert angenommen, dass das Abschmelzen Grönlands auch doppelt so schnell geschehen könnte. Die Spanne für den Westantarktischen Eisschild entspricht einem Verlust von einem Sechstel bis einem Drittel seiner Masse in den kommenden dreihundert Jahren.

In der Summe ergibt sich ein Anstieg um ca. 2,5 bis 5 Meter bis zum Jahr 2300 (und weiter ansteigend danach). Dies ist eine grobe, mit Unsicherheiten verbundene, aber nicht übermäßig pessimistische Abschätzung für ein moderates Erwärmungsszenario; die tatsächliche Entwicklung könnte darunter liegen (etwa falls die Antarktis weniger Masse verliert), aber auch deutlich darüber. Die Zahlen zeigen, dass bereits bei einer Stabilisierung der CO2-Konzentration bei 450 ppm der Verlust einiger tief liegender Inselstaaten und zahlreicher Küstenstädte und Strände der Welt zumindest riskiert wird.

Der Meeresspiegelanstieg wird nur sehr schwer zu stoppen sein, wenn er richtig in Gang gekommen ist. Der Klimatologe

James Hansen, Direktor des *Goddard Institute for Space Studies* der NASA, nennt die Eisschilde deshalb eine «tickende Zeitbombe».[74] Die heutige Generation trägt hier eine Verantwortung für Jahrhunderte in die Zukunft; wir müssen trotz der noch vorhandenen Unsicherheiten in unserem Wissensstand rasch Entscheidungen fällen.

Änderung der Meeresströmungen

Spätestens seit dem Hollywood-Film *The Day after Tomorrow* 2004 und der Diskussion um den im selben Jahr an die Medien gelangten Pentagon-Report[82] über die Risiken eines abrupten Klimawechsels ist die Gefahr von Änderungen der Meeresströme weit in das öffentliche Bewusstsein vorgedrungen. Beide bezogen sich dabei auf vergangene abrupte Kalt-Ereignisse: der Film von Roland Emmerich auf das Jüngere-Dryas-Ereignis vor rund 11 000 Jahren, der Pentagon-Bericht auf das so genannte 8k-Event vor 8200 Jahren (Abb. 1.5). In beiden Fällen kam die warme Atlantikströmung zum Erliegen oder schwächte sich deutlich ab, was zu einer starken Abkühlung im Nordatlantikraum innerhalb weniger Jahre führte. Film und Pentagon spielen dabei jeweils auf ihre Art die Frage durch: Was wäre, wenn etwas Ähnliches in naher Zukunft eintreten würde?

Aus wissenschaftlicher Sicht deutet nichts auf eine kurz bevorstehende drastische Strömungsänderung hin, ein solches Szenario muss als sehr unwahrscheinlich gelten. Auf längere Sicht und bei starker weiterer Klimaerwärmung – etwa ab der Mitte dieses Jahrhunderts – kann dies jedoch zu einer ernsthaften Gefahr werden.

Normalerweise sinken riesige Wassermassen im europäischen Nordmeer und in der Labradorsee in die Tiefe und ziehen – wie ein Badewannenabfluss – warmes Wasser von Süden her in hohe nördliche Breiten. Das abgesackte Wasser strömt in zwei bis drei Kilometern Tiefe nach Süden zum Antarktischen Zirkumpolarstrom (Abb. 3.3). So entsteht eine gigantische Umwälzbewegung im Atlantik, die etwa 15 Millionen Kubikmeter Wasser pro Sekunde bewegt (fast das Hundertfache des Amazonas) und für die nördlichen Breiten wie eine Zentralheizung

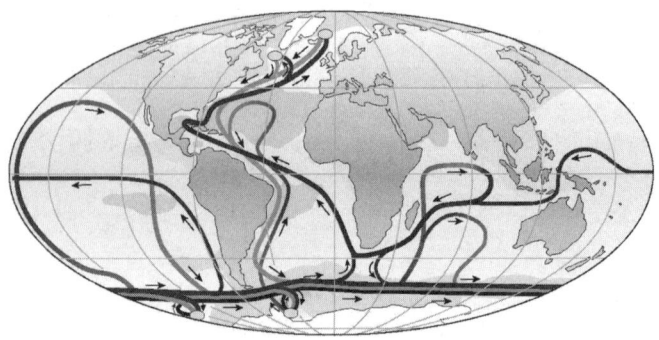

Abb. 3.3: Das System der globalen Meeresströmungen. Im Atlantik wird Wasser an der Oberfläche von Südafrika bis in das Nordmeer transportiert. Dort sinkt es bei Grönland ab; andere Absinkgebiete findet man nahe der Antarktis. (Quelle: Rahmstorf 2002[22])

funktioniert; sie bringt 10^{15} Watt an Wärme in den nördlichen Atlantikraum (mehr als das zweitausendfache der gesamten Kraftwerksleistung Europas). Sie ist Teil der weltumspannenden thermohalinen Zirkulation – so genannt, weil Temperatur- und Salzgehaltsdifferenzen diese Strömung antreiben.

Durch die globale Erwärmung kann diese Strömung auf zweifache Weise geschwächt werden: Die Erwärmung verringert die Dichte des Meerwassers durch thermische Ausdehnung, und verstärkte Niederschläge und Schmelzwasser vor allem von Grönland bewirken das Gleiche durch Verdünnung mit Süßwasser. Beides erschwert das Absinken des Wassers im nördlichen Atlantik, die so genannte Tiefenwasserbildung, und könnte sie schlimmstenfalls sogar ganz zum Erliegen bringen. Ein seit Jahrzehnten ablaufender Trend zu einer weiträumigen Salzgehaltsabnahme in der kritischen Region wird bereits beobachtet.[83] Britische Forscher argumentierten kürzlich, dass sich nach ihren Daten die Atlantische Tiefenströmung in den letzten Jahrzehnten abgeschwächt hat.[84] Was in der Klimageschichte wiederholt als Folge von Eisabrutschungen oder Schmelzwassereinstrom geschah (siehe Kap. 1), könnte sich womöglich durch die anthropogene Erwärmung wiederholen.

Die Folgen wären zwar weniger dramatisch als in der Hollywood-Version, aber dennoch gravierend. Der Nordatlantikstrom (nicht der Golfstrom, wie manchmal vereinfachend gesagt wird) und der größte Teil des atlantischen Wärmetransportes würden versiegen, was eine rasche relative Abkühlung um mehrere Grad im Nordatlantikraum bedeuten würde. (‹Relativ› bedeutet: bezogen auf das dann herrschende Klima, was je nach Ausmaß der globalen Erwärmung bereits mehrere Grad wärmer sein könnte – welcher Effekt überwiegt, hängt von Ort und Zeitpunkt ab.) Die Südhalbkugel würde sich dafür umso stärker erwärmen.

Der Meeresspiegel würde praktisch ohne Verzögerung im Nordatlantik um bis zu einem Meter steigen, auf der Südhalbkugel etwas fallen – allein durch die dynamische Anpassung an die veränderte Strömungssituation[85] (ein Effekt, den das Pentagon übrigens gänzlich übersehen hat). Längerfristig würde auch im globalen Mittel der Meeresspiegel zusätzlich um ca. einen halben Meter ansteigen, da sich der tiefe Ozean nach Versiegen der Umwälzbewegung allmählich erwärmt. Daten aus der Klimageschichte und Modellsimulationen zeigen auch, dass sich die tropischen Niederschlagsgürtel verschieben, wenn die Wärmeverteilung zwischen Nord- und Südhalbkugel derart gestört wird.[86]

Am direktesten wären die Auswirkungen auf die Nährstoffversorgung des nördlichen Atlantiks, der heute dank der Tiefenwasserbildung zu den fruchtbarsten Meeresgebieten und ertragreichsten Fischgründen der Erde gehört.[87] Auch die CO_2-Aufnahme des Ozeans wird durch die Tiefenwasserbildung gefördert, weshalb die größte Menge an anthropogenem CO_2 im nördlichen Atlantik gemessen wurde.[40] Ein Versiegen der Tiefenwasserbildung würde bedeuten, dass weniger unserer CO_2-Emissionen vom Meer aufgenommen würde.

Ein Abreißen des Nordatlantikstroms kann als eine Art «Unfall» im Klimasystem aufgefasst werden – ein schwer vorherzusagendes Ereignis mit schwerwiegenden negativen Folgen. Wie groß ist die Gefahr eines solchen Unfalls? Eine detaillierte Befragung von führenden Experten hat gezeigt, dass die Einschätzung des

Risikos noch erheblich divergiert.[88] Wissenschaftlich geht es hier weniger um eine Vorhersage (die derzeit unmöglich ist) als um eine Gefahrenabschätzung, ähnlich wie bei einer Risikoanalyse für Kernkraftwerke. Niemand würde ein Kernkraftwerk genehmigen, ohne zuvor die Unfallgefahren abzuschätzen. Dies muss auch für den weiteren Ausbau des fossilen Energiesystems gelten.

Wetterextreme

Wetterextreme wie Stürme, Überschwemmungen oder Dürren sind wohl die Auswirkungen des Klimawandels, welche viele Menschen am direktesten zu spüren bekommen. Allerdings lässt sich eine Zunahme von Extremereignissen nur schwer nachweisen, da die Klimaerwärmung bislang nur gering und Extremereignisse per Definition selten sind – über kleine Fallzahlen lassen sich kaum gesicherte statistische Aussagen machen.

Einige Trends zeichnen sich dennoch bereits in den Messdaten ab, z.B. eine Zunahme von starken Niederschlagsereignissen in mittleren Breiten. In dieses Muster passen die Oderflut 1997, die Elbeflut 2002 und die Rekordniederschläge und Überschwemmungen im Alpenraum im Sommer 2005. Bei der Elbeflut wurde mit 353 mm in Zinnwald-Georgenfeld die höchste je in Deutschland über 24 Stunden gemessene Niederschlagssumme verzeichnet, und der Pegel der Elbe erreichte in Dresden mit 9,4 m den höchsten Stand seit Beginn der Aufzeichnungen im Jahr 1275.[89] Dennoch lassen sich einzelne Extremereignisse nicht direkt auf eine bestimmte Ursache zurückführen. Man kann bestenfalls zeigen, dass die Wahrscheinlichkeit (oder Häufigkeit) bestimmter Ereignisse sich durch die globale Erwärmung erhöht – ähnlich wie Raucher häufiger Lungenkrebs bekommen, obwohl sich in einem einzelnen Fall nicht beweisen lässt, ob das Rauchen die Ursache war oder der Patient den Krebs auch sonst bekommen hätte. Der Deutsche Wetterdienst stellte 2010 fest: «Extremwetterereignisse wie Starkniederschläge oder Hitzeperioden haben in den letzten Jahrzehnten messbar zugenommen.»[90]

Ein Beispiel ist die Hitzewelle in Europa im Sommer 2003,

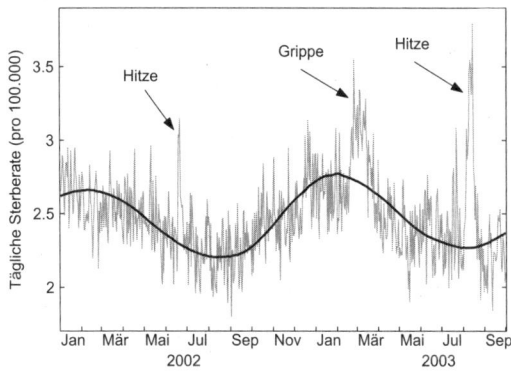

Abb. 3.4: Der Hitzesommer 2003. Gezeigt ist die tägliche Sterberate in Baden-Württemberg (grau) und ihr mittlerer Jahresgang (schwarz) mit allgemein höherer Mortalität im Winter. Man erkennt die Auswirkung einer Hitzewelle im Juni 2002, einer Grippeepidemie im März 2003 sowie der Hitzewelle vom August 2003. (Quelle: Schär und Jendritzky 2004[91])

die nach Schätzungen 20 000 bis 30 000 Menschenleben gefordert hat (Abb. 3.4) und damit laut Angaben der Münchner Rückversicherung die größte Naturkatastrophe in Mitteleuropa seit Menschengedenken gewesen ist. In allen Altersgruppen über 45 Jahren war die Sterblichkeit signifikant erhöht. Die Temperaturen im Juni 2003 lagen in der Schweiz 7 °C (mehr als fünf Standardabweichungen) über dem langjährigen Mittelwert und 3,5 °C über dem bisherigen Rekordjuni 2002 – wahrscheinlich war es der wärmste Sommer in Europa seit mindestens dem Jahr 1500. Einige deutsche Kernkraftwerke mussten mangels Kühlwasser die Produktion drosseln, das Kraftwerk Obrigheim am Neckar musste ganz abgeschaltet werden. Die statistische Auswertung durch britische Kollegen legt nahe, dass sich die Wahrscheinlichkeit für eine derartige Hitzewelle durch die anthropogene Erwärmung bereits mindestens verdoppelt hat.[92]

Ein weiteres, viel diskutiertes und (wie der Hurrikan *Katrina* im August 2005 auf schreckliche Weise gezeigt hat) sehr zerstörerisches Wetterextrem sind tropische Wirbelstürme. Seit Beginn der Aufzeichnungen im Jahr 1851 gab es im Atlantik noch nie so viele tropische Stürme wie 2005 (27; sechs mehr als der bisherige Rekord). Noch nie entwickelten sich so viele zur Hurrikanstärke (15), und noch nie gab es gleich drei der stärksten Kategorie 5. Weiter gab es den intensivsten je gemessenen Hurrikan (*Wilma*, mit nur 882 Millibar Zentraldruck am 19. Oktober 2005). Der Hurrikan *Vince* (der im Oktober in abgeschwächter Form Spanien erreichte) und der Tropensturm *Delta* (der auf den Kanarischen Inseln Verwüstungen anrichtete) waren die ersten, die sich auf Europa zubewegten.

Haben diese Sturmextreme etwas mit dem anthropogenen Klimawandel zu tun? Messdaten zeigen zwei Dinge: (1) die Energie und damit die Zerstörungskraft der Stürme korreliert stark mit der Wassertemperatur, und (2) beide sind in den vergangenen 30 Jahren deutlich angestiegen (Abb. 3.5).[93] Nicht nur im Atlantik, sondern auch weltweit hat die Zahl der stärksten Tropenstürme deutlich zugenommen, die Gesamtzahl dagegen nicht, wie die Auswertung von Satellitendaten gezeigt hat.[94] Eine kontroverse Frage ist, ob dieser beobachtete Anstieg vom Menschen verursacht oder natürlichen Ursprungs ist. Die Wassertemperaturen der tropischen Ozeane sind in den vergangenen 50 Jahren um 0,5 °C angestiegen – dies korreliert mit einer Energiezunahme der Hurrikane um ca. 70 %,[95] und entspricht im Übrigen dem mittleren globalen Anstieg der Meerestemperaturen. Wie in Kapitel 2 erläutert, kann diese Erwärmung vollständig durch den Anstieg der Treibhausgase erklärt werden; eine mögliche natürliche Erklärung dafür ist nicht bekannt. Lediglich für den Atlantik – wo nur 11 % aller Hurrikane auftreten – wird ein natürlicher Zyklus als Mitverursacher diskutiert. Dort sind die Meerestemperaturen in den Tropen in der Hurrikansaison überdurchschnittlich angestiegen – wie man vermutet aufgrund einer natürlichen Schwankung der thermohalinen Zirkulation (Abb. 3.3). Es wäre jedoch verwunderlich, wenn die Treibhausgase nicht auch hier zur Erwärmung beigetragen hätten, da sie ja global wirken. Die plausibelste Erklärung für die starke Zunahme der Wassertemperaturen und der Hurrikanintensität im Atlantik in den letzten Jahrzehnten ist, dass die anthropogene Erwärmung einen wesentlichen Anteil daran hatte.

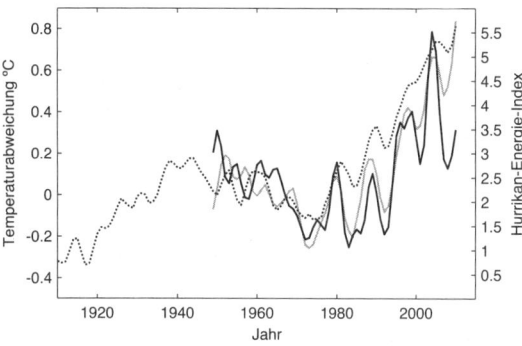

Abb. 3.5: Energie der Hurrikane im Atlantik (schwarze Kurve, aktualisiert nach Emanuel[93]). Die Energie korreliert eng mit der September-Meerestemperatur im tropischen Atlantik (graue Kurve, Hadley Centre). Der Anstieg der Meerestemperatur ist vergleichbar mit dem Verlauf der Mitteltemperatur der Nordhalbkugel (gepunktet). Alle Kurven über 3 Jahre geglättet.

Zusätzlich zu den eben besprochenen Messdaten über bereits eingetretene Extreme lassen sich einige Aussagen über die wahrscheinliche *künftige* Entwicklung von Extremereignissen treffen, und zwar auf der Basis physikalischen Verständnisses. Fast trivial ist die Aussage, dass in einem wärmeren Klima Hitzewellen an Häufigkeit und Intensität zunehmen und Kältewellen abnehmen werden. Gegen Ende dieses Jahrhunderts könnten Hitzesommer wie 2003 in Europa zur Normalität gehören.[96] Doch auch über Niederschläge lässt sich einiges sagen. So wird die Häufigkeit von Extremniederschlägen bei wärmeren Temperaturen zunehmen, weil aufgrund des Clausius-Clapeyron-Gesetzes der Physik die Luft für jedes Grad Erwärmung ca. 7 % mehr Wasserdampf enthalten kann. Starkregen entsteht, wenn mit Feuchte gesättigte Luft wie ein Schwamm ausgedrückt wird (etwa wenn sie auf ein Gebirge trifft) – in einem wärmeren Klima kann der «Schwamm» mehr Wasser enthalten. Da zudem die Verdunstungsrate ansteigt, geht auch bei konstanten mittleren Niederschlägen die Bodenfeuchte schneller verloren, und Dürren werden paradoxerweise ebenfalls wahrscheinlicher. Insbesondere in Südeuropa ist durch die Erwärmung mit erheblichen Dürreproblemen zu rechnen; die schweren Waldbrände auf der Iberischen Halbinsel in den vergangenen Jahren sind bereits eine Folge zunehmender Trockenheit.

Weiter wirkt sich eine Klimaänderung wahrscheinlich auch auf die atmosphärische Zirkulation aus; so kann sich etwa die Zugbahn von Tiefdruckgebieten verlagern oder die Häufigkeit bestimmter Großwetterlagen verändern. Beides wird selbst ohne systematische globale Niederschlagsänderungen zu einer simplen Umverteilung von Niederschlägen führen – in manchen Regionen regnet es dann mehr als vorher, in anderen weniger. Dies ist nur insofern ein Problem, als Flussläufe, Ökosysteme und Landwirtschaft stark an das vergangene, gewohnte Klima angepasst sind, sodass eine zu starke Veränderung an einem Ort zu Überschwemmungen, an einem anderen zu Wassermangel führen kann. Ein besonders sensibles Beispiel sind die Monsunregen in Asien, auf deren Berechenbarkeit die Landwirtschaft und Nahrungsversorgung in der Region stark angewiesen sind.

Tropische Wirbelstürme – Hurrikane im Atlantik und Taifune im Pazifik – ziehen ihre Energie aus dem Meer (weshalb sie sich über Land rasch abschwächen) und entstehen nur über Meerwasser von mindestens 27 °C. Daher sagen Modelle stärkere Hurrikane voraus – eine Studie ergab eine Verdreifachung der Zahl der Hurrikane der stärksten Kategorien 4 und 5 für typische Erwärmungsszenarien.[97] Allerdings ist unsere Fähigkeit, die Auswirkung von Klimaänderungen auf Tropenstürme im Computer zu simulieren, heute noch nicht ausgereift. Die potentielle Entstehungsregion von solchen Wirbelstürmen könnte sich in einem warmen Klima vergrößern – auch wenn noch weitere Bedingungen nötig sind, damit ein Hurrikan entsteht. Im März 2004 wurde mit dem Wirbelsturm *Catarina* vor der brasilianischen Küste erstmals ein Hurrikan im Südatlantik registriert – genau in einer Ozeanregion, für die das Modell des britischen Hadley Centre das künftige Auftreten solcher Stürme infolge der anthropogenen Erwärmung vorhersagt.[98] Mit stärkeren tropischen Wirbelstürmen muss bei weiterer Erwärmung ernsthaft gerechnet werden.

Auswirkungen auf Ökosysteme

Da wir es mit vielfältigen und komplexen lebenden Systemen zu tun haben, ist der Nachweis von Veränderungen, die Zurückführung auf eine Ursache oder gar die Vorhersage künftiger Entwicklungen in Ökosystemen besonders schwierig. Der Blick auf die Erdgeschichte gibt uns auch hier erste Anhaltspunkte: Klimaänderungen haben seit jeher tiefgreifende Auswirkungen auf Ökosysteme gehabt, davon geben z. B. die Pollen in Seesedimenten Zeugnis. So haben die Eiszeiten die Wälder in Nord- und Mitteleuropa massiv zurückgedrängt; in der folgenden Warmzeit mussten sie sich jeweils neu etablieren. Eine Temperaturerhöhung um mehrere Grad würde das Klima wahrscheinlich wärmer machen, als es seit Jahrmillionen gewesen ist. Dies wird mit Sicherheit einschneidende Folgen für die Biosphäre haben, auch wenn sie noch nicht im Einzelnen vorhersehbar sind.

Ein zusätzliches Problem in der heutigen Zeit ist, dass der Mensch große Teile der Erdoberfläche (fast 50 % der globalen Landfläche[99]) für seine eigenen Zwecke nutzt und viele naturbelassene Ökosysteme ein Inseldasein fristen, zum Beispiel in Nationalparks. Tiere und Pflanzen können heute nicht mehr so leicht in andere Regionen ausweichen, wie dies etwa beim Wechsel von früheren Warm- und Kaltzeiten der Fall war. Zudem wird die Geschwindigkeit des anthropogenen Klimawandels voraussichtlich die der meisten historischen Klimaveränderungen weit übertreffen (Kap. 2).

Viele Biologen befürchten daher in diesem Jahrhundert ein Massensterben von Tier- und Pflanzenarten, oder im Fachjargon: einen dramatischen Verlust an Biodiversität. Zu den ersten Betroffenen gehört die alpine Flora und Fauna, die auf den Bergspitzen wie auf kleinen Inseln der Kälte in einem Meer der Wärme die Warmphasen überlebt und auf die nächste Eiszeit wartet. Diese Arten können sich nur in noch größere Höhen zurückziehen – bis sie den Gipfel erreichen und «in den Himmel kommen», wie der österreichische Biologe Georg Grabherr es ausdrückte.[100] Beispiel Neuseeland: Bei einer Erwärmung um

3 °C würden dort 80% der hochalpinen «Klimainseln» verschwinden, ein Drittel bis die Hälfte der dort bekannten 613 alpinen Pflanzenarten könnten aussterben.[101] Nach Hochrechnung einer internationalen Forschergruppe um Chris Thomas aus dem Jahr 2004 für eine Reihe von Tier- und Pflanzengruppen (Säugetiere, Vögel, Reptilien usw.) könnten weltweit gar 15 bis 37% aller Arten um das Jahr 2050 durch den Klimawandel zum Aussterben verdammt sein.[102]

Der Klimawandel ist dabei nur eine von vielen Belastungen, denen Ökosysteme durch menschliche Aktivitäten ausgesetzt sind. Derzeit sind direktere Eingriffe (etwa die Abholzung, Schadstoffbelastung, Wilderei oder Überfischung) noch eine akutere Bedrohung. Doch der Klimawandel wird zunehmen und droht, wenn er nicht rechtzeitig gestoppt wird, Naturschutzbemühungen an vielen Orten der Erde zunichte zu machen.

Auf einer Reihe von internationalen Workshops wurden kürzlich regionale Studien über die Wirkung des Klimawandels auf empfindliche Ökosysteme diskutiert; dabei ergab sich das folgende Gefährdungsszenario.[103] Schon bei nur 1 °C globaler Erwärmung werden voraussichtlich besonders sensible Ökosysteme beeinträchtigt: Korallenriffe, die tropischen Hochlandwälder im australischen Queensland und die von Zwergsträuchern geprägten Trockenlandschaften Südafrikas (insbesondere die Sukkulenten-Karoo). Bei 1 bis 2 °C wird ein erheblicher Schaden an diesen Ökosystemen wahrscheinlich, außerdem an arktischen und alpinen Ökosystemen. Im Mittelmeerraum ist mit schweren Bränden und Insektenbefall zu rechnen, in China mit dem Verlust an Wäldern. Bei einer globalen Erwärmung zwischen 2 und 3 °C wäre die Sukkulenten-Karoo mit ihren 2800 endemischen Pflanzenarten akut vom Verschwinden bedroht. Auch die Existenz der australischen Gebirgsökosysteme wäre in Gefahr. Viele Pflanzen in anderen Gebirgsregionen in Neuseeland, Europa oder dem tibetischen Plateau würden mit dem Aussterben kämpfen. Es bestünde die Gefahr irreversibler Schäden oder gar des Kollapses des Amazonas-Regenwaldes. Über 3 °C würde durch das Schwinden des arktischen Eises das Überleben von Eisbären und anderen Tieren gefährdet. In Südafrika könnte der Krüger-Nationalpark zwei Drittel seines Tierbestandes verlieren.

Dies sind nur Beispiele von Ökosystemen, für die die möglichen Folgen bislang untersucht wurden – es handelt sich um Szenarien, die letztlich von den regionalen und damit weniger gut berechenbaren Ausprägungen des Klimawandels abhängen. Der genaue Ablauf ist daher schwer vorherzusehen; dennoch geben diese Studien wichtige Anhaltspunkte, welche Toleranzen bestimmte Ökosysteme gegenüber einer Erwärmung aufweisen und wie sich die künftige Entwicklung darstellen könnte.

Gibt es bereits erste Anzeichen von Veränderungen in Ökosystemen – trotz der bislang noch geringen Erderwärmung? Zeitungsleser kennen Berichte über Kirschblüte im Februar, über Zugvögel, die sesshaft werden, oder über tropische Fische, die erstmals in nördlichen Gewässern auftauchen. Wie bei Extremereignissen gilt auch hier: Aus Einzelbeobachtungen lässt sich wissenschaftlich kaum etwas folgern.

Doch es gibt auch Daten über großräumige, langfristige Trends. Forscher um die Amerikanerin Terry Root haben 143 ökologische Studien ausgewertet, die jeweils vor Ort Veränderungen bei bestimmten Tier- und Pflanzenspezies (von Schnecken bis Säugetieren, von Gräsern bis Bäumen) dokumentieren.[104] Sie folgerten, dass in der Summe dieser Befunde bereits ein klares, mit der Erwärmung zusammenhängendes Muster erkennbar ist. 80% Prozent aller dokumentierten Veränderungen geschahen in die Richtung, die man aufgrund bekannter Anpassungsgrenzen durch den Klimawandel erwarten würde.

Auch aus der Vogelperspektive – mit Hilfe von Satelliten – lassen sich Veränderungen in Ökosystemen feststellen. So lässt sich der Zeitpunkt des Blattaustriebs im Frühling deutlich auf Satellitenbildern erkennen. Im Vergleich zu den frühen 1980er Jahren tritt er in nördlichen Breiten bereits eine Woche früher ein; gleichzeitig hat sich der Beginn des Herbstes nach hinten verschoben. Forscher um Wolfgang Lucht vom Potsdam-Institut konnten zeigen, dass sich dieser beobachtete Trend (und ein vorübergehender Rückschlag nach dem Ausbruch des Vulkans Pinatubo 1991) gut mit einem Vegetationsmodell nachvollziehen lässt.[42]

Landwirtschaft und Ernährungssicherheit

Besonders wichtig ist die Frage, wie sich der Klimawandel auf die Landwirtschaft und damit auf die Ernährung der Weltbevölkerung auswirken wird. Paradoxerweise sehen Experten hier einerseits eher geringe Auswirkungen auf die globale Ertragsmenge (manche sehen sogar Chancen für einen leichten Zuwachs), andererseits aber auch eine wachsende Gefahr von Hunger für viele Millionen Menschen.[105] Wie kommt es zu diesem scheinbaren Widerspruch?

Die Wirkung des Klimawandels auf die Nahrungsmittelerträge ergibt sich aus der Wirkung von Temperatur- und Niederschlagsänderung und dem Düngereffekt des CO_2 auf die Pflanzen, sowie aus der Anpassungsfähigkeit der Bauern (Wahl der angebauten Pflanzen, Bewässerungspraxis etc.). Durch die globale Erwärmung werden sich die Voraussetzungen für Landwirtschaft in den gemäßigten bis kalten Breiten (vor allem den Industriestaaten) eher verbessern, etwa in Kanada. In vielen subtropischen und heute schon trockenen Gebieten (meist ärmeren Ländern) muss dagegen mit Einbußen gerechnet werden, vor allem aufgrund von Hitze und Wassermangel. Besonders Nord- und Südafrika und weite Teile Asiens sind in pessimistischen Klimaszenarien von starken Ertragsverlusten (20 bis 30% im Vergleich zu einer Zukunft ohne Klimawandel) bei Getreide und Mais betroffen.[105]

Dies wird wahrscheinlich zu einer Verschärfung der Diskrepanz zwischen Industrie- und Entwicklungsländern führen, mit verstärktem Risiko von Hungersnöten in armen Ländern. Bereits heute entstehen Hungerkrisen ja nicht durch einen globalen Mangel an Nahrungsmitteln, sondern durch eine lokale Unterversorgung in armen Gebieten, deren Bevölkerung sich auf dem Weltmarkt keine Lebensmittel einkaufen kann. Hierin besteht die moralische Last des anthropogenen Klimawandels: Gerade die Ärmsten, die zu dem Problem selbst kaum etwas beigetragen haben, werden den Klimawandel womöglich mit ihrem Leben bezahlen müssen.

Doch auch die Vorteile für die Industriestaaten sind zunächst nur theoretisch. Die meisten Ertragsmodelle berechnen die *potentiellen* Erträge – sie gehen also davon aus, dass günstige klimatische Bedingungen auch tatsächlich optimal für die Produktion genutzt werden. Die Anpassung der Landwirtschaft wird aber sicher nicht immer optimal erfolgen können, zumal ein sich stetig veränderndes Klima auch unberechenbarer ist. Auch sind mögliche Veränderungen in Extremereignissen, die Ernteausfälle verursachen können, in den Modellen nicht ausreichend berücksichtigt. Die Berechnungen machen daher eine Reihe von möglicherweise zu optimistischen Annahmen.

Der Hitzesommer 2003 hat in Deutschland offenbar erhebliche Ernteeinbußen verursacht: Der Ertrag lag 2003 12% unter dem Mittel 1997 bis 2002 (wozu allerdings außer der Hitze auch andere Faktoren beigetragen haben dürften). Wären die Landwirte auf einen solchen Sommer optimal eingestellt gewesen (z.B. durch Beregnungsanlagen), hätte er vermutlich Ertragssteigerungen statt -einbußen gebracht. Doch ob sich eine Investition in Bewässerung rentiert, lässt sich auch nach diesem Sommer kaum beurteilen – niemand weiß, wie häufig derartige Sommer in einem sich verändernden Klima künftig auftreten werden. Beregnung ist auch nur in dem Maße möglich, wie Wasser zur Verfügung steht – im Mittelmeerraum stößt sie bereits heute (z.B. im Sommer 2005) an ihre Grenzen.

Weitere Fortschritte in den Klimamodellen werden künftig bessere regionale Prognosen erlauben, die Anpassung an den Klimawandel erleichtern und Verluste zu verringern und Chancen zu nutzen helfen. Dies ist heute bereits bei El-Niño-Ereignissen der Fall, die sechs Monate im Voraus vorhergesagt werden können, wodurch landwirtschaftliche Schäden in Milliardenhöhe vermieden werden.[106]

Ausbreitung von Krankheiten

Die möglichen Auswirkungen des Klimawandels auf die Gesundheit der Menschen sind vielfältig und nur unzureichend erforscht. Neben den oben besprochenen direkten Folgen von Extremereignissen (z.B. Hitzewellen) diskutieren Wissenschaftler hier vor allem die Ausbreitung von durch Insekten übertragenen Krankheiten wie Dengue-Fieber und Malaria. Insekten sind als Kaltblütler wesentlich stärker vom Klima beeinflusst als wir; der Klimawandel wird sich stark auf ihre Ausbreitungsfähigkeit (Vagilität) auswirken. In Deutschland trifft dies etwa auf die Zecken zu, die sich in den letzten Jahren stark ausgebreitet haben und zunehmend die gefährliche Borreliose oder Frühsommer-Meningoenzephalitis (FSME) übertragen, was zumindest von manchen Experten auf den Klimawandel zurückgeführt wird.[107] In Deutschland beobachtet man zudem eine Zunahme von Pollenallergien, die durch die längere Blühperiode begünstigt werden ebenso wie durch die Ausbreitung der Pflanze Ambrosia, die von den wärmeren Wintern profitiert.

In der bislang umfassendsten Studie hat die Weltgesundheitsorganisation (WHO) 2002 die Folgen des Klimawandels untersucht. Sie kommt zu dem Ergebnis, dass schon heute jährlich mindestens 150 000 Menschen an den Folgen der globalen Erwärmung sterben. Die meisten Opfer sind in Entwicklungsländern zu beklagen und sterben an Herz-Kreislauf-Erkrankungen, Durchfall, Malaria und anderen Infektionen oder an Nahrungsmangel.[108] Bei einer weiteren Erwärmung sind erhebliche Risiken zu befürchten – etwa wenn sich Malaria auf afrikanische Hochlandregionen ausbreitet, die bislang zu kühl für den Erreger waren und deren Bevölkerung daher keine Immunität besitzt.

Zusammenfassung

Trotz der bislang nur geringen globalen Erwärmung (0,7 °C im 20. Jahrhundert) lassen sich bereits zahlreiche Auswirkungen beobachten. Die Gebirgsgletscher und das arktische Meer-Eis schrumpfen, die Kontinentaleismassen in Grönland und der Antarktis zeigen Anzeichen von beschleunigtem Abschmelzen, Permafrost-Boden taut auf, der Meeresspiegel steigt derzeit (schneller als erwartet) um 3 cm/Jahrzehnt an, die Vegetationsperiode verlängert sich, und viele Tier- und Pflanzenarten verändern ihr Verbreitungsgebiet. Diese Anzeichen sind einerseits ein unabhängiger Beleg für die Tatsache der Erderwärmung, zusätzlich zu den Temperaturmessdaten. Andererseits sind sie erste Vorboten dessen, was an Auswirkungen des Klimawandels auf uns zukommen wird.

Die bei der geringen Erwärmung erwartungsgemäß bislang noch milden Folgen sollten nicht über die Schwere des Problems hinwegtäuschen. Die Auswirkungen werden bei ungebremster Erwärmung sehr tiefgreifend sein, auch wenn die zeitliche Abfolge und regionale Ausprägung sich nur schwer im Einzelnen vorhersehen lässt.

Dabei wird es sowohl negative als auch positive Auswirkungen geben, denn ein warmes Klima ist *a priori* nicht schlechter oder lebensfeindlicher als ein kälteres. Dennoch würden die negativen Auswirkungen sehr wahrscheinlich stark überwiegen, vor allem weil Ökosysteme und Gesellschaft hochgradig an das vergangene Klima angepasst sind. Gravierende Probleme entstehen insbesondere dann, wenn die Veränderung so rasch vonstatten geht, dass sie die Anpassungsfähigkeit von Natur und Mensch überfordert. Alpine Tiere und Pflanzen können zwar in größere Höhenzonen ausweichen – aber nur bis die Gipfel erreicht werden, was in wärmeren Ländern wie Afrika und Australien bald der Fall sein wird. Mit dem arktischen Meer-Eis ginge ein ganzes Ökosystem und die Lebensweise der Inuit verloren. Wälder können nur sehr langsam in andere Regionen wandern. Viele Tier- und Pflanzenarten würden aussterben.

Menschen können sich zwar an neue Gegebenheiten anpassen – aber ein sich rasch wandelndes Klima bringt einen Verlust an Erfahrung und Berechenbarkeit und kann daher nicht optimal landwirtschaftlich genutzt werden. Vorteile entstehen voraussichtlich in kalteren Industrienationen wie Kanada – landwirtschaftliche Einbußen aber in tropischen und subtropischen Ländern, also gerade dort, wo die Menschen am ehesten durch Hunger gefährdet sind und wo sie am wenigsten zur Erderwärmung beigetragen haben. Zudem werden viele Menschen unter Extremereignissen wie Dürren, Fluten und Stürmen (insbesondere tropischen Wirbelstürmen) zu leiden haben. Die von uns verursachte Klimaveränderung wirft daher schwerwiegende ethische Fragen auf.

4. Klimawandel in der öffentlichen Diskussion

Die Klimaforschung steht mit Recht stärker im Rampenlicht des öffentlichen Interesses und der öffentlichen Diskussion, als dies bei den meisten anderen Zweigen der Wissenschaft der Fall ist. Denn der Klimawandel und die Diskussion über die erforderlichen Gegenmaßnahmen betreffen jeden Menschen. Entsprechend emotional geht es in dieser Debatte zuweilen zu. Unbequeme Wahrheiten sind selten willkommen. Nach Medienauftritten erhalten Klimaforscher regelmäßig entrüstete Zuschriften.

Zu den Akteuren des öffentlichen Diskurses gehören neben den Forschern die Medien, Politiker, Umweltorganisationen, Lobbyorganisationen der Wirtschaft und engagierte Laien, die sich im Internet oder auf Leserbriefseiten zu Wort melden. Die verschiedenen Akteure interpretieren und nutzen dabei die Ergebnisse und Aussagen aus der Wissenschaft auf ganz unterschiedliche Weise, je nach ihrer Interessenlage und ihrem Verständnis der Zusammenhänge.

Das Verhältnis von Klimaforschern zu den anderen Akteuren, insbesondere den Medien, ist oft angespannt. Wissenschaftler beklagen, dass ihre Resultate im öffentlichen Diskurs missbraucht, verzerrt oder gänzlich falsch dargestellt werden. Andererseits ist die Wissenschaft auf die Medien angewiesen, damit ihre Ergebnisse überhaupt in der Öffentlichkeit wahrgenommen werden.

Zwei Dinge sind für ein Verständnis der über die Medien ausgetragenen Klimadiskussion wichtig. Zum einen sind dies die Gesetzmäßigkeiten der Medienwelt selbst, zum anderen sind es die politischen Interessen, die bei diesem Thema stets eine Rolle spielen können. In diesem Kapitel werden wir auf einige der Probleme der öffentlichen Klimadiskussion eingehen und uns mit der Frage befassen, ob und wie man überhaupt als Laie verlässliche Informationen erhalten kann. Wir werfen dabei zunächst einen Blick in die USA, wo die Probleme noch schärfer konturiert zu Tage treten als bei uns.

Die Klimadiskussion in den USA

Während in Deutschland nur noch kleine Splittergruppen das Klimaproblem rundheraus leugnen, ist dies in den USA eine selbst auf höchster politischer Ebene salonfähige und maßgebliche Haltung. James Inhofe, bis 2007 der Vorsitzende des Umweltausschusses im US-Senat, hat wiederholt (u. a. in einer Rede am 4. Januar 2005) die Warnung vor dem anthropogenen Klimawandel als die größte Posse bezeichnet, die dem amerikanischen Volk je gespielt wurde. Die Warner vor einem Klimawandel nennt er «Umweltextremisten und deren elitäre Institutionen» – mit Letzteren meint er offenbar die klimatologischen Forschungsinstitute.

Naomi Oreskes, Professorin für Wissenschaftsgeschichte an der University of California, publizierte im Dezember 2004 in *Science* das Ergebnis einer Metastudie der klimatologischen Fachliteratur.[109] Von ihren Mitarbeitern ließ sie knapp eintausend Fachpublikationen analysieren, die eine Datenbanksuche zum Suchbegriff «global climate change» gefunden hatte. 75 % dieser Publikationen unterstützten explizit oder implizit die These einer anthropogenen Verursachung des Klimawandels, 25 % machten keine Aussage dazu (etwa weil sie rein methodischer Natur waren). Keine einzige der Studien bestritt den anthropogenen Einfluss auf das Klima. Oreskes folgerte aus ihrer Stichprobe, dass es in der Wissenschaft tatsächlich einen weitgehenden Konsens über diese Frage gibt.

In krassem Gegensatz zur Einmütigkeit in den wissenschaftlichen Publikationen steht die Berichterstattung in den Medien. Eine ebenfalls 2004 veröffentlichte Metastudie der University of California untersuchte 636 in den Jahren von 1988 bis 2002 erschienene Artikel zum Thema Klimawandel aus den führenden Tageszeitungen der USA. Sie ergab, dass 53 % aller Artikel die zwei gegensätzlichen Hypothesen ungefähr gleichgewichtig darstellten, dass der Mensch zum Klimawandel beitrage bzw.

dass der Klimawandel ausschließlich natürliche Ursachen habe. 35% betonten den anthropogenen Klimawandel, präsentierten jedoch auch die Gegenthese; 6% beschrieben lediglich, wie fragwürdig ein menschlicher Einfluss auf das Klima sei; weitere 6% berichteten ausschließlich über einen menschlichen Beitrag zur Erwärmung. Die Autoren der Studie folgern daraus, dass eine falsche Vorstellung von Ausgewogenheit zu einer stark verzerrten Darstellung der Realität geführt hat («*Balance as bias*» lautet der Titel der Studie[110]).

Die Studie enthüllte darüber hinaus einen zeitlichen Trend: Während in den früheren Artikeln überwiegend über den anthropogenen Einfluss auf das Klima berichtet wurde, neigen spätere Artikel immer mehr zu der unrealistischen vermeintlichen ‹Ausgewogenheit› – genau entgegengesetzt der Entwicklung der Wissenschaft, wo der anthropogene Einfluss im Laufe der Jahre immer mehr erhärtet und besser belegt werden konnte. Die Studie führt dies auf die gezielten Desinformationskampagnen zurück, die von Teilen der Industrie finanziert werden.

Zu einem ganz ähnlichen Ergebnis kam bereits im Jahr zuvor eine Untersuchung von Sozialwissenschaftlern aus Chicago und Helsinki, wonach die intensive Lobbytätigkeit von über einem Dutzend industrienaher und bestens finanzierter Organisationen maßgeblich zur Wende in der US-Klimapolitik und zum Ausstieg aus dem Kyoto-Protokoll beigetragen hat.[111] Zu diesen Organisationen gehören z. B. das *George C. Marshall Institute*, die *Frontiers of Freedom Foundation*, das *Competitive Enterprise Institute*, das *Science and Environment Policy Project* und die *Global Climate Coalition* (die Anfang 2002 ihre Arbeit eingestellt hat, nach dem Austritt führender Firmen wie BP, Shell, Ford und Daimler-Chrysler). Finanziert werden viele dieser Organisationen u. a. durch ExxonMobil. Nach einer kürzlich publizierten Recherche des amerikanischen Journalisten und Buchautors Chris Mooney hat dieser Konzern allein in den Jahren 2002/2003 mit über acht Millionen Dollar rund 40 Organisationen unterstützt, die systematisch den Klimawandel leugnen.[112] Die Strategie ähnelt der der Tabakindustrie, die über viele Jahre immer wieder Wissenschaftler und Studien präsentierte, die die Unschädlichkeit des Rauchens behaupteten.

Eine im Juni 2005 in den USA durchgeführte Umfrage[113] offenbart die Wirkung solcher Desinformationsarbeit: Eine klare Mehrheit aller Amerikaner würde auch kostspielige Klimaschutzmaßnahmen unterstützen, *wenn* es einen wissenschaftlichen Konsens über eine Bedrohung durch den Klimawandel gäbe – aber nur die Hälfte ist sich dessen bewusst, dass dieser Konsens in der Wissenschaft längst existiert.

Die Lobby der «Klimaskeptiker»

Auch in Deutschland und Europa gibt es ähnliche Lobby-Aktivitäten wie in den USA, wenn auch in weit geringerem Umfang. Im Jahr 1996 gründeten einige prominente US-«Klimaskeptiker» das *European Science and Environment Forum* (ESEF) als Versuch, auch die europäische Klimapolitik zu beeinflussen. In Deutschland haben sich eine Reihe von «Klimaskeptikern» vor einigen Jahren zu einem Verein namens «Europäisches Institut für Klima und Energie» zusammengeschlossen. Schon der Name ist ein Etikettenschwindel, denn laut *Süddeutscher Zeitung* hat diese Lobbygruppe weder ein Büro, noch beschäftigt sie Klimawissenschaftler. Sie betreibt vor allem eine Website voller haarsträubender Falschinformationen zum Thema Klima.

Verschiedene «Klimaskeptiker» vertreten dabei unterschiedliche und oft widersprüchliche Positionen. Gemein ist ihnen allein die politische Überzeugung, dass Maßnahmen zur Reduktion von Treibhausgasemissionen abzulehnen sind. Begründet wird diese Meinung, indem entweder der Erwärmungstrend des Klimas geleugnet (*Trendskeptiker*), der Mensch nicht als Ursache des Erwärmungstrends angesehen (*Ursachenskeptiker*) oder die Folgen der globalen Erwärmung als harmlos oder günstig eingeschätzt werden (*Folgenskeptiker*).[114] Letzte Rückzugsposition für jene, die ihre Glaubwürdigkeit nicht durch das Leugnen der Tatsachen verlieren wollen, ist die These, eine Anpassung an den Klimawandel sei besser als seine Vermeidung.

Klimatologen haben immer wieder sachlich zu den Skeptiker-Argumenten Stellung genommen; so unterhält das Umweltbundesamt seit Jahren eine Internetseite mit einer Liste der gängigsten Argumente und dazu Erläuterungen von Fachwissenschaftlern.[115]

Zuverlässige Informationsquellen

Verfolgt man die Medien, könnte man den Eindruck gewinnen, dass in der Klimaforschung immer wieder neue Ergebnisse auftauchen, durch die bisherige Glaubenssätze in Frage gestellt werden oder gänzlich revidiert werden müssen. Die von den Medien gezeichnete unrealistische Karikatur der wissenschaftlichen Klimadiskussion spiegelt ein verbreitetes Unverständnis des wissenschaftlichen Erkenntnisprozesses wider. Wie der Wissenschaftshistoriker Spencer Weart treffend beschreibt, verläuft der wissenschaftliche Fortschritt in der Regel nicht durch ständige Umwälzungen, sondern durch eine große Zahl kleiner inkrementeller Schritte.[32] Ernsthafte Wissenschaftler «glauben» nicht fest an Dinge, die sie dann wieder umwerfen. Sie halten bestimmte Aussagen kaum je für absolut wahr oder falsch, sondern für mehr oder weniger wahrscheinlich. So halten heute fast alle Klimaforscher eine anthropogene Klimaerwärmung für sehr wahrscheinlich. Diese Einschätzung, die sich über Jahrzehnte gegen anfängliche Skepsis durchsetzen musste, beruht auf Tausenden von Studien. Eine einzige neue Studie wird dies kaum grundlegend ändern – sie würde gemeinsam mit allen anderen Ergebnissen betrachtet, und die Einschätzung von Wissenschaftlern würde sich nur ein kleines Stückchen verschieben.

Eindrückliche Beispiele für verwirrende, übertriebene und vielfach gänzlich falsche Medieninformationen lieferte in den letzten Jahren die wiederholte Berichterstattung über eine der Klimarekonstruktionen des letzten Jahrtausends, die in Abb. 1.6 gezeigt ist.[29] Dabei wurde zunächst die Bedeutung dieser Rekonstruktion (wegen ihrer Form als «Hockeyschläger» bekannt) maßlos übertrieben. Sie wurde zur «wichtigsten Datenkurve der Klimatologen», zum «entscheidenden Beweis für die menschengemachte Klimaerwärmung» und gar zur «wichtigsten Säule des

Kyoto-Protokolls» hochstilisiert. Letzteres ist schon deshalb Unsinn, weil das Kyoto-Protokoll 1997 verabschiedet wurde – bevor es diese Rekonstruktion überhaupt gab. Auch spielt diese Kurve (wie in Kap. 2 erläutert) für den Beleg des menschlichen Einflusses auf das Klima nur eine untergeordnete Rolle.

Viele Artikel berichteten falsch und unkritisch über angebliche Fehler und Korrekturen dieser Kurve, verbunden mit der Behauptung, wesentliche Aspekte der Klimaentwicklung wären nun in Frage gestellt. Ein Kollege ließ sich in den Medien gar zu der Aussage hinreißen, die Kurve sei «Quatsch».[116] Diese Aussage wurde im US-Senat aufgegriffen und als Rechtfertigung dafür benutzt, dass die USA die weltweiten Klimaschutzbemühungen nicht unterstützen sollten.[117] Sie beruhte jedoch auf einem einfachen Rechenfehler, wie sich schon wenige Monate später erwies.[118] Unabhängige Wissenschaftler haben die gleiche Kurve aus den Originaldaten nachgerechnet und verifiziert,[119] und zahlreiche andere Klimarekonstruktionen haben die wesentlichen Folgerungen inzwischen erhärtet.

Angesichts der oft falschen Medienberichte und der widersprüchlichen öffentlichen Äußerungen Einzelner sind viele Laien und Entscheidungsträger über den tatsächlichen Stand der Wissenschaft verwirrt. Welche Aussagen sind seriös, wem kann man trauen?

Um hier Klarheit zu schaffen, haben die World Meteorological Organization (WMO) und das Umweltprogramm der Vereinten Nationen (UNEP) im Jahr 1988 das Intergovernmental Panel on Climate Change (IPCC, Zwischenstaatlicher Ausschuss für Klimaänderungen) ins Leben gerufen. Die Aufgabe des IPCC ist es, in einer umfassenden, objektiven und transparenten Weise das Wissen zum Klimawandel zusammenzufassen, das in den tausenden in der Fachliteratur verstreut publizierten Studien zu finden ist. Das IPCC baut dabei auf die Mitarbeit von Hunderten von Wissenschaftlern aus aller Welt, die nach ihrer fachlichen Expertise ausgesucht werden und die diese Arbeit unentgeltlich zusätzlich zu ihren normalen beruflichen Pflichten übernehmen. Wichtigstes Produkt sind die regelmäßigen IPCC-Berichte (*Assessment Reports*), von denen bislang vier erschienen sind: 1990, 1995, 2001 und 2007. Sie sind frei im Internet zugänglich.[120]

Die Berichte werden einer intensiven, dreistufigen Begutachtung unterworfen, an der wiederum Hunderte von weiteren Experten beteiligt werden. Für jeden Bericht werden die Autorenteams und Gutachter neu bestimmt, sodass die Faktenlage immer wieder mit frischen Augen neu bewertet wird. Dabei sollen die Berichte nicht einfach eine «Mehrheitsmeinung» zum Ausdruck bringen (gute Wissenschaft entscheidet sich nicht nach Mehrheiten), sondern es werden auch abweichende Meinungen diskutiert, soweit sie wissenschaftlich begründet sind. Fehlergrenzen und Unsicherheiten im Wissen werden ausführlich besprochen. 2007 erhielt das IPCC für diese Arbeit den Friedensnobelpreis.

Da die Berichte sehr umfangreich und detailliert sind (der letzte Bericht hat allein rund 3000 eng bedruckte Seiten), haben sie eher den Charakter eines Nachschlagewerkes. Besondere Bedeutung kommt daher den Zusammenfassungen zu: der ausführlichen «Technical Summary» (ca. 60 Seiten) und der «Summary for Policymakers» (20 Seiten). Letztere wird Satz für Satz einstimmig in einer Plenarsitzung verabschiedet – auch durch Vertreter von Ländern wie Saudi-Arabien und den USA, die Klimaschutzmaßnahmen sehr skeptisch gegenüberstehen. Dabei sind natürlich auch die verantwortlichen Autoren der einzelnen Kapitel beteiligt, damit sichergestellt ist, dass die Zusammenfassung korrekt die Aussagen des detaillierten Textes wiedergibt. Die Berichte des IPCC gelten in Fachkreisen als der fundierteste und zuverlässigste Überblick über den Kenntnisstand zur Klimaentwicklung; sie sind zugleich die Grundlage der internationalen Klimaschutzbemühungen, z.B. des Kyoto-Protokolls (siehe Kap. 5).

Wegen dieser Bedeutung sind sie auch eine wichtige Zielscheibe der «Skeptiker», die besonders mit dem Vorwurf, die Berichte seien politisch beeinflusst, das IPCC zu diskreditieren versuchen. Im Jahr 2010 rauschte eine Flutwelle von Vorwürfen gegen das IPCC durch die Weltmedien, die sich an einem einzigen Zitierfehler in Band 2 des Berichts entzündet hatte. Dort war in einem Regionalkapitel auf Seite 493 eine falsche Zahl zum Abschmelzen der Himalaya-Gletscher aus einer unzuverlässigen Quelle (einer von insgesamt rund 20 000 Quellen) zitiert worden. Zahlreiche Zeitungen brachten in der Folge ungeprüft Berichte über angebliche IPCC-Skandale (von «Amazongate» bis «Africagate»), die sich später bei näherer Prüfung allesamt in Luft auflösten. Unsere eigenen Erfahrungen bei der Mitarbeit an IPCC-Berichten zeigen, dass die Arbeit von offener und selbstkritischer wissenschaftlicher Diskussion gekennzeichnet ist; jede Aussage wird daraufhin abgeklopft, ob sie sauber belegt ist oder ob etwas dagegenspricht. Zu keinem Zeitpunkt haben wir Versuche politischer Einflussnahme festgestellt.

Neben den bekannten Berichten des IPCC gibt es unter anderem Stellungnahmen der amerikanischen National Academy of Sciences, der American Geophysical Union (AGU – die weltweit größte Organisation der Geowissenschaftler), der World Meteorological Organization (WMO), der meteorologischen Organisationen vieler Länder (u. a. eine gemeinsame Erklärung der deutschen, österreichischen und schweizerischen meteorologischen Gesellschaften) oder des Wissenschaftlichen Beirats Globale Umweltveränderungen der Bundesregierung (WBGU) zur Klimaentwicklung. Alle diese Gremien sind in den Kernaussagen immer wieder zum selben Ergebnis gelangt. Auch dies zeigt nochmals den außerordentlichen Konsens in der Fachwelt, dass der Mensch durch seine Treibhausgasemissionen zunehmend das Klima verändert.

Zusammenfassung

Einem Laien ist es heute schwer möglich, sich ein fundiertes und sachlich korrektes Bild vom Wissensstand in der Klimaforschung zu machen. Wer die Zeitungen verfolgt, wird hin- und hergerissen sein zwischen übertriebenen Schlagzeilen («Erwärmung bis zu 11 °C», «Klimakrise in zehn Jahren») und Meldungen, am Klimawandel sei gar nichts dran. In den Medien werden zum Teil Gespensterdiskussionen über die Klimaforschung geführt, die von den tatsächlichen Diskussionen in Fachkreisen völlig losgelöst sind. Viele Laien haben daher den falschen Eindruck, der menschliche Einfluss auf das Klima sei noch umstritten. Diese unbefriedigende Situation entsteht durch ein Zusammenspiel von gezielter Lobbyarbeit durch Interessengruppen und von mangelnder Kompetenz und Verantwortung seitens der Medien.

Journalisten und Redakteure können zwar nicht im Einzelnen die Stichhaltigkeit von Forschungsergebnissen nachprüfen, sie könnten aber dennoch durch sorgfältigere Arbeit viele Falschmeldungen vermeiden. Auch die Wissenschaftler haben hier eine große Verantwortung. Sie sollten offen ihre Forschungskompetenz darlegen sowie in ihren Äußerungen klar unterscheiden, was weithin akzeptierter Wissensstand ist und wo ihre möglicherweise davon abweichende persönliche Einschätzung beginnt. Nicht zuletzt sollten sie bei falschen Berichten nicht resignieren, sondern sich an die Redaktionen wenden und Korrekturen einfordern – nur so entsteht bei den Medien ein Druck zu solider Arbeit.

Es wäre wünschenswert, wenn die Medien sich verstärkt den wirklich für die Allgemeinheit wichtigen Diskursen zum Klimaproblem widmen würden – etwa der Frage, welche Maßnahmen zur Begrenzung des Klimawandels und zur Anpassung ergriffen werden sollten (siehe Kap. 5).

Der Öffentlichkeit und Entscheidungsträgern kann man nur empfehlen, eine gesunde Portion Skepsis gegenüber Medienmeldungen und Aussagen Einzelner zu hegen – egal ob diese den Klimawandel dramatisieren oder herunterspielen. Eine ausgewogene und fundierte Einschätzung des Wissensstandes kann man am ehesten dort erwarten, wo eine größere Gruppe von durch eigene Forschungsleistungen ausgewiesenen Fachleuten gemeinsam eine Stellungnahme erarbeitet hat, wie das IPCC oder die anderen erwähnten Organisationen. Extreme Einzelmeinungen oder unredliche Argumente können sich bei einer breiten und offenen Diskussion unter Fachwissenschaftlern nicht durchsetzen.

5. Die Lösung des Klimaproblems

In den voranstehenden Kapiteln haben wir gezeigt, dass
1. das Klimasystem der Erde zu großen Schwankungen fähig ist,
2. die moderne Industriegesellschaft drauf und dran ist, eine besonders starke und rasche Schwankung auszulösen,
3. die Auswirkungen dieses Eingriffs auf Natur und Kultur massiv und überwiegend negativ sein werden und
4. die Versuche, das Problem kleinzureden, eher von Wunschdenken oder Eigeninteresse als von wissenschaftlicher Einsicht beflügelt sind.

Somit steht die Menschheit vor einem sehr realen und sehr schwierigen Problem, das es in angemessener Weise zu lösen gilt. Aber was bedeutet der Ausdruck «Lösung» in einem solchen Zusammenhang überhaupt? Der Antwort auf diese nur scheinbar akademische Frage kann man sich über zwei verschiedene Denkansätze annähern: Der erste davon kreist um das Begriffspaar «Ursache–Wirkung» und entspricht der Denkweise der Naturwissenschaften, der zweite stellt das Begriffspaar «Kosten–Nutzen» in den Mittelpunkt und entspringt dem ökonomisch-utilitaristischen Weltbild.

Vermeiden, Anpassen oder Ignorieren?

Der Ursache-Wirkung-Ansatz lässt sich in einer prägnanten Formel zusammenfassen. Diese lautet:

$$\text{Klimaschaden} = \text{Klimaanfälligkeit} \times \text{Klimaänderung} \qquad (\text{G1})$$

Gemeint ist, dass die negativen Folgen der Treibhausgasemissionen sich proportional zum tatsächlich eintretenden Klimawandel verhalten werden, aber auch proportional zur klimatischen Verwundbarkeit («Vulnerabilität») der betroffenen Systeme. Besonders anfällig sind etwa Ökosysteme in den tropischen und polnahen Breiten oder Wirtschaftssektoren, die stark von Wasserverfügbarkeit und -qualität abhängen wie Landwirtschaft und Tourismus (siehe Kap. 3).

Obwohl G1 eine grobe Vereinfachung eines hochkomplexen Geschehens darstellt, liefert diese Gleichung doch eine erste sinnvolle Abschätzung der menschgemachten Klimawirkung und – was noch wichtiger ist – eine Orientierungshilfe für die systematische Diskussion der in Frage kommenden Lösungsstrategien: Im Idealfall kommt es zu keinerlei Klimaschäden, d. h., die linke Seite von G1 ist gleich null. Formal wird dies dadurch erreicht, dass entweder die Klimaänderung oder die Klimaanfälligkeit, also einer der beiden Faktoren auf der rechten Seite der Gleichung, auf null gebracht wird.

Realistischerweise muss man akzeptieren, dass eine solche perfekte Lösung des Problems nicht existiert, dass die bewussten Faktoren durch geeignete gesellschaftliche Anstrengungen jedoch zumindest relativ klein gehalten bzw. klein gestaltet werden können. Die möglichst weitgehende Begrenzung der Klimaänderung wird als *Vermeidung* (im Englischen: *mitigation*) bezeichnet, die möglichst weitgehende Verringerung der Klimaanfälligkeit als *Anpassung* (im Englischen: *adaptation*). Offensichtlich gibt es noch eine dritte «Lösungsmöglichkeit», nämlich weder Vermeidungs- noch Anpassungsmaßnahmen zu ergreifen und dem Klimaschicksal seinen Lauf zu lassen. Diese nicht ganz unbedenkliche Option wollen wir als *Laissez-Faire-Strategie* bezeichnen. Letztere entspricht dem willkürlichen Ignorieren der linken Seite von G1.[121]

Die Diskussion der einzelnen Lösungsstrategien und ihres Verhältnisses zueinander wird Hauptgegenstand dieses Kapitels sein, aber wir können schon jetzt konstatieren, dass «Vermeidung» vor allem mit technologischem Fortschritt bei der «Dekarbonisierung» unserer Wirtschaftsmaschinerie zu tun hat, «Anpassung» vor allem mit intelligenter und flexibler gesellschaftlicher Organisation und «Laissez-Faire» mit Moral (bzw. ihrer Abwesenheit). Denn eine internationale Politik, welche den ungebremsten Klimawandel billigend in Kauf nähme, würde fast alle Lasten der kostenlosen Nutzung der Atmosphäre als

Müllkippe den kommenden Generationen in den besonders klimasensiblen Entwicklungsländern aufbürden. Viele nichtstaatliche Umweltgruppen empfänden diese Perspektive als amoralische Krönung der historischen Ausbeutung der «Dritten Welt» durch die Industrieländer, die für den überwiegenden Teil der bisherigen Treibhausgasemissionen verantwortlich sind (siehe hierzu die Abbildung auf der hinteren Umschlaginnenseite).

Insofern ist eine reine Laissez-Faire-Strategie bei der Handhabung des Klimaproblems nur vorstellbar, wenn sie von «gerechtigkeitsfördernden» Maßnahmen flankiert würde: Beispielsweise könnte man grundsätzlich abwarten, wie sich die weltweiten Klimawirkungen entfalten und dann, bei klar identifizierbaren Schadensereignissen, die Betroffenen für ihre Verluste kompensieren. Manche Ökonomen argumentieren etwa, dass es wesentlich günstiger wäre, die Bevölkerungen der vom steigenden Meeresspiegel bedrohten Südseeinseln auf Kosten der Industrieländer nach Australien oder Indonesien umzusiedeln, statt die Wirtschaft durch Beschränkungen für Treibhausgasemissionen zu belasten. Dabei werden jedoch die sozialen und ethischen Probleme vergessen, und die Gefahr ist groß, dass mit solchen Überlegungen eine geopolitische Pandorabüchse geöffnet wird.

Immerhin kann man sich auch moralisch weniger fragwürdige Varianten einer globalen Politik vorstellen, welche auf direkte Vermeidung des Klimawandels bewusst verzichtet: Beispielsweise könnte unter der Schirmherrschaft der Vereinten Nationen ein weltweites Klimapflichtversicherungssystem eingeführt werden (analog zur Pflichtversicherung in einer Kranken- oder Pflegekasse). Jeder Mensch würde durch Geburt Mitglied der «Klimakasse», aber seine jährlich anfallenden Versicherungsprämien würden von den Staaten der Erde aufgebracht – und zwar nach Maßgabe ihres jeweiligen Anteils an den gesamten Treibhausgasemissionen. Mit dem eigentlichen Betrieb des Systems könnten private Versicherungsunternehmen über marktwirtschaftliche Ausschreibungsverfahren beauftragt werden. Selbstverständlich würde sich rasch eine starke regionale Differenzierung bei der Prämienhöhe einstellen, welche der jeweiligen Klimaanfälligkeit der versicherten Menschen und ihrer Güter

Rechnung tragen müsste. Damit würde sich übrigens die heutige Weltversicherungssituation umkehren: In den vom Klimawandel besonders gefährdeten Entwicklungsländern existiert gegenwärtig praktisch noch nicht einmal irgendein traditioneller Versicherungsschutz, ganz zu schweigen von einem kollektiven Auffangsystem im Klimaschadensfall. Ob sich allerdings jemals ein Versicherungsträger finden wird, der bereit ist, beispielsweise für die Destabilisierung des indischen Sommermonsuns[122] zu haften, ist mehr als fraglich.

Gibt es den optimalen Klimawandel?

Damit sind wir schon ganz dicht an die grundsätzliche Alternative zum Kausalansatz in der Klimapolitik herangerückt: der ökonomischen Optimierung. Im Rahmen dieser Strategie versucht man nicht, ein konkretes Problem – um möglicherweise jeden Preis – zu eliminieren, sondern beim gesellschaftlichen Handeln größtmöglichen Gewinn – im verallgemeinerten Sinne – zu erzielen. Der Ansatz lässt sich wiederum an einer einfachen Formel verdeutlichen, nämlich:

Gesamtnutzen des Klimaschutzes =
Abgewendeter Klimaschaden – Vermeidungskosten – Anpassungskosten (G2)

G2 ist weitgehend selbsterklärend, zumal wir oben bereits die hauptsächlichen Handlungsoptionen – Vermeidung und Anpassung – skizziert haben. Die Formel betrachtet jedoch vor allem die Aufwendungen, die mit diesen Optionen verbunden sein dürften. Im Rahmen der reinen utilitaristischen Lehre ist nun genau diejenige Kombination von Vermeidungs- und Anpassungsmaßnahmen im Rahmen einer globalen Klimaschutzstrategie zu wählen, welche die Differenz auf der rechten Seite von G2 maximiert. Es geht hier also in erster Linie *nicht* darum, die potentiellen Klimaschäden auf null zu drücken. Sind die entsprechenden Maßnahmen volkswirtschaftlich zu kostspielig, dann muss man eben auf sie verzichten. Im Extremfall – wenn der Wert der abgewendeten Schäden im Vermeidungs- wie im Anpassungsfall unter dem Wert der Aufwendungen läge – wäre sogar eine totale

Laissez-Faire-Strategie ohne flankierende Maßnahmen gerechtfertigt. Die meisten Kosten-Nutzen-Theoretiker gehen allerdings davon aus, dass die optimale Strategie sowohl echte Vermeidungs- als auch Anpassungsanstrengungen umfassen würde. Konkret liefe dieser Ansatz auf die Ermittlung eines «optimalen» Zielwertes für die menschgemachte Änderung der globalen Mitteltemperatur hinaus: nicht weniger als nötig für das Erkaufen des weltweiten Wohlstandszuwachses, nicht mehr als vertretbar für das Beherrschen der Risiken und Nebenwirkungen!

Die Vorstellung von der Existenz einer solchen perfekt gewählten Temperaturveränderung ist bestechend, aber leider eine Illusion. Wir nennen vier Gründe, warum die reine Kosten-Nutzen-Analyse auf die Klimaproblematik nicht anwendbar ist:

Erstens suggeriert G2, dass man lediglich eine simple Bilanz aus mehreren Posten aufzustellen hat – doch was ist die passende «Währung» dafür? Man kann natürlich versuchen, Klimaschäden und Klimaschutzaufwendungen als Geldwert darzustellen. Dies wird allerdings spätestens dann dubios, wenn es gilt, die Menschenleben zu «monetarisieren», welche durch den Klimawandel verloren gehen könnten. Ähnliches gilt für den Wert von Ökosystemen oder zum Aussterben verurteilter Tier- und Pflanzenarten.

Zweitens ist es praktisch unmöglich, auch nur eine der drei Größen in der Formel exakt zu bestimmen – selbst wenn man sich auf rein wirtschaftliche Aspekte beschränken dürfte. Die entsprechenden Berechnungen müssten hauptsächlich auf modellgestützte Prognosen für weltweite Effekte in den kommenden Jahrhunderten (!) vertrauen. Unser Wissen über die zu erwartenden Klimaschäden ist noch sehr unsicher. Nicht einmal bei bereits eingetretenen Ereignissen wie dem Hurrikan *Katrina* vom August 2005 (zwischen 100 und 200 Milliarden Dollar Schadenskosten) lässt sich ein bestimmter Wert dem Klimawandel zuordnen – die denkbare Spanne reicht von null («Auch ohne Klimawandel wären die Schäden so hoch gewesen») bis fast alles («Ohne die durch die Erwärmung verursachten zusätzlichen Niederschläge wären die Deiche von New Orleans nicht gebrochen»). Potenziert wird dieses Zuordnungsproblem, wenn das Klimasystem nicht glatt, sondern sprunghaft reagiert, wie so oft in der Klimageschichte (siehe Abb. 1.5).

Ähnlich unsicher sind die Anpassungskosten, da man weder die genaue Ausprägung des Klimawandels noch die künftige Organisation der menschlichen Gesellschaft voraussehen kann. Am besten kalkulierbar sind noch die Vermeidungskosten (also etwa durch einen Umbau des Energiesystems), weil es sich dabei um einen geordneten, planbaren Strukturwandel handelt. Da sich das Ergebnis von G2 aus der Differenz großer und unsicherer Zahlen ergibt, kann man je nach Annahme fast jeden beliebigen Zielwert als Resultat dieser «Optimierung» erhalten.

Wir sollten an dieser Stelle betonen, dass sich die Forschung aber sehr wohl um die Auslotung der Schadens*potentiale* bzw. der Anpassungs*möglichkeiten* verdient machen kann. Entsprechende Studien, deren Gegenstände am besten durch die englischen Fachausdrücke «Vulnerability» bzw. «Adaptive Capacity» charakterisiert werden, operieren in der Regel im «Wenn-dann-Modus»: Welche Vorsorgemaßnahmen könnte eine (sich ansonsten durchschnittlich entwickelnde) Küstenregion X gegen einen Meeresspiegelanstieg von Y Metern innerhalb von Z Jahren einleiten? Wie groß wären die dennoch zu erwartenden Verluste an Gütern und Menschenleben, wenn jener Meeresspiegelanstieg von den Verschiebungen U, V im regionalen Wind- und Niederschlagsmuster begleitet würde? Solche hypothetischen Fragen lassen sich einigermaßen solide beantworten. Die Antworten sind aber stets nur Fingerzeige für das allgemeine Verhalten der betrachteten Systeme, niemals Vorhersagen seiner tatsächlichen künftigen Entwicklung.

Drittens wird man unweigerlich mit dem notorischen Abgrenzungsproblem der Kosten-Nutzen-Analyse konfrontiert: Der anthropogene Klimawandel ist nur ein Teil des allgemeinen Weltgeschehens, das von Millionen von Kräften, Bedürfnissen und Ideen angetrieben wird. Wenn die Staaten der Erde ihre langfristigen klimapolitischen Entscheidungen tatsächlich nur nach utilitaristischen Gesichtspunkten treffen würden, müssten sie sich natürlich fragen, ob es der Wohlfahrt ihrer Nationen nicht zuträglicher wäre, auf Klimaschutzmaßnahmen jeglicher

Art zu verzichten und stattdessen in Gesundheits-, Bildungs- und Sicherheitssysteme zu investieren. Dies ist der Ansatz des so genannten «Copenhagen Consensus», den der Däne Björn Lomborg – einer der populären Kritiker der gegenwärtigen internationalen Klimaschutzbemühungen – 2004 organisiert hat.[123] Der Versuch, einen allumfassenden Wohlfahrtsvergleich aller denkbaren staatlichen Maßnahmen vorzunehmen, muss aber nicht nur am Informationsmangel (siehe Punkt 2) scheitern, er verkennt auch völlig die Natur von realpolitischen Entscheidungen: Die deutsche Wiedervereinigung wurde von der Regierung Kohl nicht auf der Grundlage einer präzisen Kosten-Nutzen-Analyse vorangetrieben, sondern weil sich plötzlich ein «Window of Opportunity» auftat und weil es ethisch, historisch, emotional etc. richtig erschien, diese unverhoffte Chance zu nutzen. Staaten wählen ihre Ziele nicht aufgrund gewinnmaximierender Berechnungen, sondern versuchen – im besten Fall – einmal gesteckte Ziele mit möglichst geringem Aufwand zu erreichen.

Viertens verschwinden die bereits erwähnten Gerechtigkeitsaspekte keineswegs, wenn man mit Hilfe von Formel G2 den scheinbar optimalen Klimawandel kalkuliert, denn eine Politik, die für die Erdbevölkerung der nächsten Jahrhunderte summarisch den größten Nutzen verheißt, kann einzelnen Gesellschaften oder Individuen größten Schaden zufügen. Optimierung bedeutet: Jede CO_2-Emission, die global mehr Nutzen als Schaden bringt, ist nicht nur erlaubt, sondern gewollt – weniger zu emittieren wäre suboptimal. Eine Emission, die den Verursachern 100 Milliarden \$ Nutzen bringt, die aber anderswo 99 Milliarden \$ Schaden verursacht, ist damit ausdrücklich erwünscht. Man versteht den Charme, den dieser Ansatz gerade für US-Ökonomen hat. Die Inuit Alaskas und Kanadas wären dagegen vermutlich wenig begeistert, wenn ihre Lebensräume auf dem Altar der Weltsozialproduktmaximierung geopfert würden. Dieses Problem betrifft auch die Gerechtigkeit zwischen den Generationen, da künftige Klimaschäden in Kosten-Nutzen-Rechnungen «abdiskontiert» werden – typischerweise mit 2 % pro Jahr. Eine Maßnahme, die heute Investitionen erfordert, aber erst in 30 Jahren spürbaren Nutzen bringt, erscheint dann sehr ineffektiv. Langfristige Folgen des Klimawandels, wie der Meeresspiegelanstieg, werden dadurch praktisch vernachlässigt.

Globale Zielvorgaben

All diese Argumente haben hoffentlich deutlich gemacht, dass es keine realistische Alternative zum Ursache-Wirkung-Ansatz gibt: Das anthropogene Klimaproblem wird als solches von der Menschheit erkannt und gelöst – so gut es eben geht. Immerhin existieren bereits völkerrechtlich verbindliche Übereinkünfte und international abgestimmte Klimaschutzziele. Von alles überragender Bedeutung ist dabei die so genannte Klimarahmenkonvention der Vereinten Nationen (United Nations Framework Convention on Climate Change, UNFCCC). Diese Konvention wurde während der legendären Rio-Konferenz im Juni 1992 von insgesamt 166 Staaten unterzeichnet, weitere Länder folgten. Mit heutzutage 194 Mitgliedern hat die Klimarahmenkonvention praktisch universelle Akzeptanz erreicht. Obwohl es sich tatsächlich nur um eine Rahmenvereinbarung handelt, welche durch Zusatzprotokolle in konkrete Politik umgesetzt werden muss, enthält die UNFCCC Passagen von immenser Schub- bzw. Sprengkraft. Am bedeutsamsten ist Artikel 2, worin eine Festlegung des globalen Klimaschutz-Ziels für die Menschheit versucht wird. Im genauen Wortlaut heißt es da:

> «Das Endziel dieses Übereinkommens und aller damit zusammenhängenden Rechtsinstrumente, welche die Konferenz der Vertragsparteien beschließt, ist es, in Übereinstimmung mit den einschlägigen Bestimmungen des Übereinkommens die Stabilisierung der Treibhausgaskonzentrationen in der Atmosphäre auf einem Niveau zu erreichen, auf dem eine gefährliche anthropogene Störung des Klimasystems verhindert wird. Ein solches Niveau sollte innerhalb eines Zeitraums erreicht werden, der ausreicht, damit sich die Ökosysteme auf natürliche Weise den Klimaänderungen anpassen können, die Nahrungsmittelerzeugung nicht bedroht wird und die wirtschaftliche Entwicklung auf nachhaltige Weise fortgeführt werden kann.»

Diese Formulierung war bereits Gegenstand von unzähligen Aufsätzen und Reden, denn was genau hat man unter «einer gefährlichen anthropogenen Störung des Klimasystems» zu verstehen? Im Fachjargon stellt sich damit die Frage nach der «Operationalisierung des Klimaziels der Vereinten Nationen». Es ist offensichtlich, dass die oben diskutierte Kosten-Nutzen-Analyse hier nicht recht weiterhilft, wenngleich der Artikel 2 durchaus bestimmten zu vermeidenden Klimafolgen potentielle wirtschaftliche Verluste infolge von Klimaschutz gegenüberstellt. Insofern liefert G2 eine hilfreiche Checkliste für die Berücksichtigung der wichtigsten Faktoren beim Klimamanagement. Artikel 2 summiert allerdings die einzelnen Posten nicht auf, sondern verlangt die *gleichzeitige* Erfüllung qualitativ ganz unterschiedlicher Forderungen. Damit bewegt man sich eindeutig im Ursache-Wirkung-Weltbild. Gesucht ist nun die Klappe, mit der sich alle Klimafliegen auf einmal (er)schlagen lassen.

Die Europäische Union ist der Meinung, diese Klappe gefunden zu haben: Auf dem 1939. Ratstreffen am 25. Juni 1996 in Luxemburg wurde übereinstimmend festgestellt, dass «der globale Temperaturmittelwert das vorindustrielle Niveau nicht um mehr als 2 °C übersteigen sollte und dass deshalb die globalen Bemühungen zur Begrenzung bzw. Reduktion von Emissionen sich an atmosphärischen CO_2-Konzentrationen unterhalb von 550 ppm orientieren sollten.»[124] Das 2-Grad-Ziel ist seither immer wieder durch verschiedene Beschlussfassungen des Rats der EU-Umweltminister sowie durch das Sechste Umwelt-Aktionsprogramm (6th EAP) bestätigt worden und liefert somit den Fluchtpunkt aller europäischen Klimaschutzstrategien schlechthin. Seit dem Klimagipfel im mexikanischen Cancun im Dezember 2010 ist die 2-Grad-Grenze auch offizielles Ziel der globalen Klimaschutzbemühungen.

Damit tragen die EU und die Weltgemeinschaft den Ergebnissen eines intensiven und ausgedehnten klimapolitischen Diskurses Rechnung, der unter anderem von der Enquêtekommission des Deutschen Bundestags «Schutz der Erdatmosphäre» in den frühen 1990er Jahren vorangetrieben wurde[125] und der 1995 vom Wissenschaftlichen Beirat der Bundesregierung Globale

Umweltveränderungen (WBGU) auf den Punkt gebracht wurde: In einem Sondergutachten zur ersten Vertragsstaatenkonferenz (VSK) zur Ausgestaltung der Klimarahmenkonvention führt der WBGU die Vorstellung des «Tolerierbaren Klimafensters» ein.[126] Gemeint ist damit vor allem, dass die von Menschen angestoßene Änderung der globalen Mitteltemperatur 2 °C *insgesamt* nicht übersteigen und gleichzeitig die Temperaturänderungs*rate* für die Erde nicht höher als 0,2 °C pro Dekade ausfallen soll. Dabei handelt es sich letztlich um eine normative Setzung, wie sie beim Umgang mit kollektiven Risiken sinnvoll und üblich ist – ähnlich etwa der Geschwindigkeitsbegrenzung auf Landstraßen, deren exakter Wert sich nicht wissenschaftlich herleiten lässt und somit Ergebnis einer Abwägung ist.

Die Zielvorgaben des WBGU stützten sich ursprünglich auf sehr einfache und robuste Argumente – insbesondere auf den Grundgedanken, dass ein Erderwärmungsverlauf außerhalb des Toleranzfensters Umweltbedingungen jenseits der Erfahrungswelt der menschlichen Zivilisationsgeschichte herbeiführen dürfte (und damit nur mit großen Mühen und Opfern verkraftbar wäre). In einem Sondergutachten zur 9. VSK im Dezember 2003 hat der Beirat seine «Leitplanken» für den menschgemachten Klimawandel nochmals bekräftigt und mit einer Reihe von neuen wissenschaftlichen Befunden und Überlegungen untermauert.[127]

Verschiedene wissenschaftliche Konferenzen haben sich seither der Gretchenfrage nach den zwingend notwendigen «Grenzen der Erderwärmung» gewidmet, allen voran die vom britischen Premier Tony Blair im Jahr 2005 in Exeter einberufene internationale Tagung «Avoiding Dangerous Climate Change».[128] Dort wurden immerhin zwei *Richtwerte* von zentraler Bedeutung identifiziert bzw. bestätigt:

Erstens, eine absolute Erderwärmung von mehr als 2–3 °C gegenüber dem vorindustriellen Niveau erscheint als höchst unverantwortlich. Tatsächlich hat die Exeter-Konferenz ein deutlich düstereres Bild der Auswirkungen des Klimawandels als bisher üblich gezeichnet und klar gemacht, dass bereits ein globaler Temperaturanstieg um 1–2 °C zu massiven Schädigungen von Natur und Kultur führen dürfte. Es scheint jedoch, dass jenseits der 2-Grad-Marke eine Häufung unkalkulierbarer Klimafolgen droht.

Zweitens, die 2-Grad-Grenze dürfte nur zu halten sein, wenn der CO_2-Gehalt der Atmosphäre nicht (oder nur für kurze Zeit) in den Bereich jenseits der 450-ppm-Marke vordringt. Andere Treibhausgase spielen wegen ihrer relativen Kurzlebigkeit im Zusammenhang der faktisch gewählten Langfristzielsetzung eine untergeordnete Rolle. Die Klimasensitivität (siehe Kap. 2) wird bei dieser Analyse im Bereich 2,5–3,0 °C angesiedelt. Sollte sie tatsächlich *höher* liegen, dann verbliebe praktisch keinerlei Emissionsspielraum – der globale CO_2-Ausstoß müsste sofort um 60–70 % reduziert werden, was praktisch unmöglich ist. Aber auch wenn das 450-ppm-Niveau die korrekte Peilung darstellt, verbleibt der Menschheit nur noch die kümmerliche Manövriermasse von ca. 60 ppm für den «tolerierbaren» Anstieg des atmosphärischen Kohlendioxid-Gehalts!

Der Gestaltungsraum für Klimalösungen

Die Wunderwaffe («The Silver Bullet», wie die Amerikaner sagen) gegen die zivilisatorische Störung der Erdatmosphäre gibt es wohl nicht. In Abb. 5.1 wird der Versuch unternommen, die bunte Fülle der wichtigsten Lösungsansätze zum Klimaproblem in strukturierter Weise zusammenzufassen. Der Gestaltungsraum wird dabei als ein zweidimensionales Feld aufgefasst, aufgespannt von «Operationsskala» und «Strategietypus». Wir werden die einzelnen Eintragungen im Folgenden so ausführlich wie nötig erläutern. Die heute ernsthaft diskutierten oder gar schon auf den Weg gebrachten Optionen besiedeln hauptsächlich die rechte obere Ecke des «Lösungsraums»; der untere «Anpassungsstreifen» gerät allmählich ins Blickfeld der Klimapolitiker. Wir werden jedoch deutlich machen, dass sich die größten Hoffnungen und Anstrengungen auf das Zentrum des Tableaus konzentrieren sollten. Um zu diesem Standpunkt zu gelangen, werden wir uns bei unserer Tour d'Horizon in einer uhrzeigersinnigen Spirale durch den Strategieraum bewegen, beginnend bei den globalen Vermeidungsansätzen.

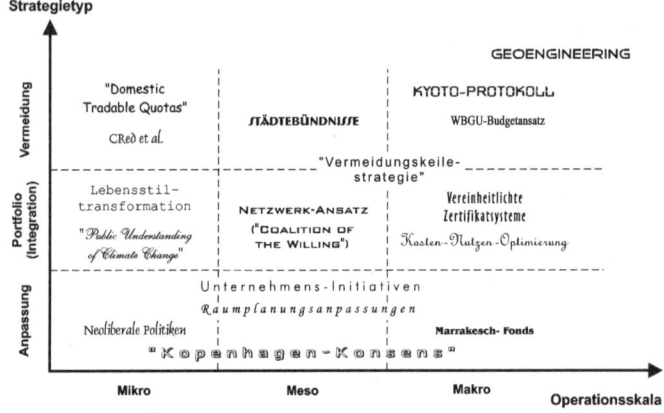

Abb. 5.1: Der Lösungsraum für das Klimaproblem.

Das Kyoto-Protokoll oder Die Händler der vier Jahreszeiten

Einer der beiden Autoren dieses Buches nahm 1997 als Experte im Tross der deutschen Delegation (angeführt von der damaligen Bundesumweltministerin und jetzigen Bundeskanzlerin Angela Merkel) an der historischen 3. VSK im winterlich frostklirrenden Kyoto teil. Er wurde Zeuge, wie in wirren, endlosen Nachtsitzungen erschöpfte Klima(unter)händler aus aller Herren Länder ein bürokratisches Monstrum ins Leben riefen – das nach dem japanischen Konferenz-Ort benannte «Kyoto-Protokoll» zur Umsetzung der Klimarahmenkonvention von Rio. Er kann bestätigen, dass das mit der heißen Nadel gestrickte und mit entsprechenden Gewebefehlern behaftete Vertragswerk letztlich durch den Ergebniswillen des damaligen US-Präsidentengespanns Clinton–Gore erzwungen wurde. Eine gewisse Ironie der Geschichte angesichts der unerbittlichen Ablehnung des Kyoto-Protokolls durch die folgenden US-Regierungen.

Über dieses legendäre Protokoll wurden schon unzählige Bücher und Artikel von Wissenschaftlern, Politikakteuren und Journalisten verfasst. Hier sind die wesentlichen Fakten:

Das Kyoto-Protokoll

Das Vertragswerk ist die bisher einzige internationale Übereinkunft, welche eine reale Minderung der wichtigsten Treibhausgasemissionen verbindlich vorschreibt. Es ist allerdings erst acht Jahre nach der Kyoto-Konferenz, exakt am 16. Februar 2005, in Kraft getreten. Grund dafür waren die im Protokoll-Artikel 25 festgelegten Quoren, also die Bedingungen für die notwendige Beschlussmehrheit: Erstens müssen mindestens 55 Vertragsstaaten das Kyoto-Protokoll ratifizieren. Zweitens müssen die Industrie- und Schwellenländer (definiert durch die Annex-I-Liste der Klimarahmenkonvention) unter den Ratifikateuren für mindestens 55% der gesamten CO_2-Emissionen *aller* Annex-I-Länder im Stichjahr 1990 verantwortlich sein. Da zwei der wichtigsten Industrieländer – die USA (der zu dieser Zeit weltweit größte Emittent) und Australien – das Protokoll nicht ratifizieren wollten, hing letztlich alles am seidenen russischen Faden, nämlich an der persönlichen Entscheidung von Präsident Putin. Er gab im Herbst 2004 schließlich sein Ja-Wort und verhalf mit der Anrechnung des russischen Kontingents (16,6% der Annex-I-CO_2-Emissionen) dem Vertragswerk über die letzte selbstgezimmerte Hürde.

Auch wenn das eben diskutierte Quorum sich an den CO_2-Emissionen orientiert, erfasst das Kyoto-Protokoll doch (fast) alle relevanten Treibhausgase, nämlich auch Methan, Lachgas, teilhalogenierte und perfluorierte Kohlenwasserstoffe sowie Schwefelhexafluorid. Die Treibhauswirkung dieser Gase ist unterschiedlich und wird oft in «CO_2-Äquivalenten» angegeben, damit die Mengen unterschiedlicher Gase direkt vergleichbar sind. Die unten genannten prozentualen Reduktionsverpflichtungen beziehen sich auf CO_2-Äquivalente. Weltweit verursachen CO_2 derzeit 60% und die anderen Gase 40% des gesamten anthropogenen Treibhauseffekts. Bei den deutschen Emissionen betrug 1990 der Anteil von CO_2 am Gesamteffekt 84%.

Der Vertrag ist als großer und langfristiger Wurf angelegt: Der Zeitraum 2008–2012 ist als erste von möglicherweise vielen Verpflichtungsperioden vereinbart worden. Die mittleren Emissionen von insgesamt 39 Parteien aus der industrialisierten Welt (spezifiziert im Protokoll-Annex B) in dieser ersten Messperiode müssen gegenüber dem Stichjahr 1990 um *insgesamt* 5,2% sinken. Jedoch wurden höchst unterschiedliche nationale Verpflichtungen festgelegt. Während beispielsweise die Schweiz um 8% reduzieren soll, darf Australien gemäß Annex B seinen Treibhausgasausstoß um 8% *steigern*. Die «Händler der vier Jahreszeiten» haben in Kyoto viele ähnlich unergründliche Länderquoten festgelegt: USA −7%; Japan −6%; Russland ±0%; Norwegen +1%; Island +10%. Vollends mysteriös wird es dann, wenn man sich ansieht, wie die damaligen 15 EU-Staaten 1998 im Rahmen eines so genannten Lastenausgleichs die Aufspaltung ihrer Blockverpflichtung auf Emissionsminderung um 8% ausgeschachert haben: Deutschland und Dänemark sollen z. B. mit −21% beitragen, Großbritannien mit −12,5%, die Niederlande mit −6%, während Schweden um 4%, Spanien um 15% und Portugal gar um 27% mehr emittieren dürfen.

Auch jenseits dieser Zahlenmystik hat das Kyoto-Protokoll durchaus kreative Züge – insbesondere belegt durch die Einführung der so genannten *Flexiblen Mechanismen*, die den Vertragsstaaten die Umsetzung ihrer Verpflichtung erleichtern sollen. Im Einzelnen handelt es sich um drei Instrumente, die im Fachchinesisch der Klimadiplomaten die englischen Bezeichnungen «Emissions Trading» (ET), «Joint Implementation» (JI) und «Clean Development Mechanism» (CDM) erhalten haben.

Dem ET (zu deutsch: Emissionshandel) liegt die folgende Idee zugrunde: Anstatt von den Einzelverschmutzern (im Kyoto-Protokoll die Nationalstaaten) die exakte Einhaltung der zugewiesenen Emissionsobergrenze zu fordern, wird ihnen die Möglichkeit eingeräumt, die individuellen Emissionsrechte untereinander zu handeln. Wer etwa sein Kontingent nicht ausschöpfen kann oder muss, weil die Nachfrage nach fossilen Brennstoffen infolge wirtschaftlicher Rückschläge schrumpft (wie im Falle Russlands nach dem Zerfall des Sowjet-Imperiums) oder weil das heimische Energieversorgungssystem von Kohle auf das kohlenstoffärmere Erdgas umgestellt wird (wie im Falle Großbritanniens), der verkauft seine überschüssigen Emissionsrechte eben an den Meistbietenden – beispielsweise an ein Land, das sich auf außergewöhnlich starkem Wachstumskurs befindet und/oder nicht in der Lage ist, seine Energieeffizienz durch geeignete Maßnahmen und Investitionen zu erhöhen.

Das JI (zu deutsch: «gemeinsame Umsetzung») ermöglicht es Industrieländern, partnerschaftliche Klimaschutzprojekte durchzuführen. Dabei wird das Vorhaben (z. B. die Errichtung einer Windkraftanlage) zwar im Land A realisiert, aber vom Land B finanziert. Die dadurch in A vermiedenen Emissionen werden nach Maßgabe von Protokoll-Artikel 6 im Verschmutzungskontingent von B honoriert. Typisch wäre ein JI-Projekt zwischen Kroatien und Deutschland.

Der CDM («Mechanismus für umweltverträgliche Entwicklung») schließlich ermuntert Industrie- und Entwicklungsländer zu gemeinsamen Klimaschutzprojekten in der Dritten Welt. Dieses Instrument, das in Protokoll-Artikel 12 genau spezifiziert ist, ähnelt ansonsten dem JI. Mögliches Traumpaar: Schweden und Nicaragua.

Die völkerrechtlich wasserdichte Beschreibung und die konkrete operationelle Ausgestaltung der Flexiblen Mechanismen ist für den Laien ein Buch mit sieben Siegeln. Doch außer seiner monströsen Komplexität, die inzwischen von einer riesigen Maschinerie von Klima-Bürokraten gepflegt wird, hat das Kyoto-Protokoll noch weitere Schwachstellen.

Das Vertragswerk zieht eine besonders unübersichtliche politische Schublade auf, nämlich die Anrechnung so genannter «biologischer Senken» auf die Reduktionspflichten. Wenn ein Land zum Beispiel durch (Wieder-)Aufforstung von Flächen (vorübergehend) CO_2 aus der Atmosphäre entfernt, dann soll dies positiv zu Buche schlagen. Die Grundidee ist nicht uninteressant, da die Regelung im Idealfall ein Brücke zwischen Klima- und Biosphärenschutz schlagen kann. Problematisch ist jedoch vor allem die Überprüfbarkeit. Vor einigen Jahren wurde die Öffentlichkeit etwa durch die Nachricht aufgeschreckt, dass Forscher nachgewiesen hätten, dass die Vegetation der USA mehr Kohlendioxid binden könne, als die dortige Industriegesellschaft in die Luft blasen würde. Dieser Befund stellte sich zwar rasch als falsch heraus, aber die Irritation hallte noch lange nach.[129] Zum anderen werden möglicherweise «perverse

Anreize» gegeben: So könnte die Möglichkeit, sich Wiederaufforstungen anrechnen zu lassen, ohne dass die Kohlenstoffemissionen aus den vorangehenden Rodungen erfasst werden, sogar noch zum Abholzen von Primärwäldern ermuntern.

Enttäuschend sind auch die bei weitem nicht ausreichenden Reduktionsverpflichtungen. Das Kyoto-Protokoll stellt nur einen kleinen ersten Schritt auf dem Weg zur notwendigen weltweiten Halbierung der Emissionen bis 2050 dar. Selbst bei vollständiger Einhaltung des Protokolls würden die Industriestaaten ihre Emissionen bis 2010 nur um rund 5 % reduzieren. Angesichts des Wachstums in Entwicklungsländern sowie durch das Ausscheren der USA und zuletzt Kanadas sind die gesamten globalen Emissionen dabei gegenüber 1990 tatsächlich um über 40 % gestiegen.[130]

Das Kyoto-Protokoll ist von vornherein nur als der erste Stein in einer Gesamtarchitektur für den Klimaschutz unter dem Dach der UN gedacht. Doch sind 2009 beim Klimagipfel in Kopenhagen die Verhandlungen für das «Post-Kyoto-Regime», das nach 2012 greifen muss, erheblich ins Stocken geraten, und die Zukunft des globalen Klimaschutzes erscheint derzeit (2011) ungewiss. Ein Knackpunkt dabei ist der Interessenausgleich zwischen Industriestaaten und den Entwicklungs- und Schwellenländern. Letztere haben zwar noch niedrigere Pro-Kopf-Emissionen, dafür aber große Zuwachsraten. Ein Klimaschutz-Regime, das diesen Trend nicht umzubiegen vermag, indem es die Entwicklungs- und Schwellenländer auf nachhaltige und gerechte Weise ins Boot holt, ist zum Scheitern verurteilt – selbst wenn die reichen Staaten ihren Verpflichtungen nachkommen sollten.

Größtes Problem für den Erfolg des Kyoto-Protokolls ist jedoch weniger das Vertragswerk selbst als die Tatsache, dass erstens die USA es nicht unterstützen oder sogar sabotieren, und zweitens einige wichtige Vertragsstaaten wie Kanada ihre Reduktionspflichten nicht erfüllen werden. Die Zahlen für den Zeitraum 1990–2008 (siehe Tab. 5.1).[131] zeigen, dass die ‹alte› Europäische Union (15 Länder) ihr Kyoto-Ziel insgesamt erreichen wird: die Treibhausgasemissionen sind im Zeitraum 1990–2008 um 7 % gefallen, obwohl die Wirtschaftsleistung um 45 % gewachsen ist. Eine Entkopplung von Emissionen und Wohl-

Land	Veränderung der Emissionen (%)	Kyoto-Ziel (%)	Land	Veränderung der Emissionen (%)	Kyoto-Ziel (%)
Belgien	−7,1	−7,5	Luxemburg	−4,8	−28
Bulgarien	−37,4	−8	Niederlande	−2,4	−6
Dänemark	−7,3	−21	Neuseeland	+22,8	0
Deutschland	−22,2	−21	Norwegen	+8,0	+1
Estland	−50,4	−8	Österreich	+10,8	−13
Europäische Union	−6,5	−8	Polen	−12,7	−6
			Portugal	+32,2	+27
Finnland	−0,3	0	Rumänien	−39,7	−8
Frankreich	−6,1	0	Russland	−32,9	0
Kanada	+24,1	−6	Slowakei	−33,9	−8
Liechtenstein	+14,7	−8	Tschechische Republik	−27,5	−8
Litauen	−51,1	−8			

Tab. 5.1: Änderungen der Treibhausgasemissionen (ohne Landnutzung) bei ausgewählten Annex-I-Staaten zwischen 1990 und 2008, verglichen mit der Reduktionsverpflichtung nach dem Kyoto-Protokoll bis 2010. Für EU-Staaten (Gesamtverpflichtung −8%) sind die EU-intern ausgehandelten Ziele für die Einzelstaaten gezeigt. Die Zielerfüllung hängt zusätzlich noch von den Emissionen aus Landnutzungsänderungen und dem Handel mit Emissionsrechten ab. (Quelle: UNFCCC)

stand ist also möglich. In der erweiterten EU (27 Staaten) sind die Emissionen sogar um 15% gefallen, doch beruht dies überwiegend auf dem Niedergang der sehr ineffizienten Industrien in Osteuropa. In den USA stiegen die Emissionen um 14%, in Australien um 31%. Ohne die Reduktionsleistungen von Großbritannien (−18%) und Deutschland (−22%) aufgrund von Sondertatbeständen wäre auch das europäische Klimaschutzbild düster. Vor allem die Mittelmeerländer zeigen einen starken Anstieg (Spanien +42%, Portugal +32%, Griechenland +23%).

Deutschland hat zwar sein Kyoto-Ziel von −21% schon erreicht, hat dabei aber auch von einer starken Abnahme der Emissionen im Osten profitiert: Zwischen 1990 und 1992 fielen die gesamtdeutschen Emissionen um 9%, was man als «wallfall profit» verbuchen kann. Etwas mehr als die Hälfte der Emissionsminderung wäre demnach auf Klimaschutzanstrengungen zurückzuführen. Das selbst gewählte und stolz proklamierte CO_2-Minderungsziel der Bundesregierung (−25% bis 2005 laut Kabinettsbeschluss von 1995) wurde verfehlt. Neben den Zielen für nationale Emissionsminderungen, die im Kyoto-Protokoll festgelegt sind, gilt es aber auch, systematische Zusammenhänge zu berücksichtigen. So ist der Kohlenstoff-Fußabdruck von Konsumenten in den meisten Industrieländern gegenüber 1990 trotz lokaler Klimaschutzbemühungen nicht gesunken, sondern gestiegen! Veränderungen der Welthandelsströme, vor allem die wachsende Rolle Chinas als Werkbank der Welt, haben zu dieser Entwicklung beigetragen. Umso mehr ist eine globale Perspektive und die Einbindung aller großen Emittenten in eine Klimaschutzarchitektur erforderlich.[132]

Der WBGU-Pfad zur Nachhaltigkeit

«Ist das Klima noch zu retten?» Diese immer häufiger gestellte Frage erscheint angesichts der eben geschilderten Probleme des Kyoto-Prozesses leider allzu berechtigt. Aber es gibt durchaus Grund zur Hoffnung, ja zum Optimismus. Der WBGU hat in einer Reihe von Gutachten[127, 133, 134, 135] aufgezeigt, wie sich die zureichende Energieversorgung der Menschheit, der wirksame Schutz der Erdatmosphäre und der faire Lastenausgleich innerhalb der Staatengemeinschaft gleichzeitig bewerkstelligen lassen. Dafür muss allerdings die Politik in großem Stile handeln, die Wirtschaft in kühner Weise investieren und die Gesellschaft entschlossen an einer neuen Industriellen Revolution mitwirken.

Der WBGU-Ansatz weist drei Kernelemente auf: 1. die klare Ausweisung von nachhaltigen Rahmenbedingungen («Leitplanken») für jegliche Strategie; 2. den expliziten Entwurf von Umbauszenarien für das Weltenergiesystem, welche jene Leitplanken beachten; 3. die unzweideutige Benennung der erforderlichen völkerrechtlichen und strukturpolitischen Maßnahmen. Wir werden diese Elemente im Folgenden kurz skizzieren.

Alle Überlegungen sind geprägt von der Grundannahme, dass die Weltwirtschaft im 21. Jahrhundert rasant weiterwachsen und sich dies in einem deutlich gesteigerten globalen Bedarf an Energiedienstleistungen widerspiegeln wird. Eine solche Entwicklung ist nicht nur politisch kaum unterdrückbar, sondern potentiell auch mit einer Reihe von ausgesprochen wünschenswerten Zügen verbunden: Insbesondere kann sie die heutige «Energiearmut» der Dritten Welt beseitigen, wo gegenwärtig rund zwei Milliarden Menschen keinen Zugang zu modernen Energieformen haben. Eine auf den freiwilligen oder erzwungenen Energieverzicht der Entwicklungs- und Schwellenländer gegründete globale Umweltschutzstrategie wäre nicht nur zum Scheitern verurteilt, sondern auch verlogen und ungerecht. Der WBGU geht daher von einer weltweit weiter wachsenden Nachfrage nach Energiedienstleistungen aus. Dennoch kann der globale Primärenergiebedarf bis 2050 weltweit sinken. Das liegt daran, dass heute der größere Teil der eingesetzten Primärenergie als Abwärme vergeudet wird. Bei einem Kohlekraftwerk mit Wirkungsgrad 35% etwa gehen 65% der eingesetzten Primärenergie verloren. Erzeugt man dieselbe Strommenge z. B. direkt mit Windkraft, sinkt der «Primärenergiebedarf» damit um 65%.

2011 hat der WBGU einen exemplarischen Pfad vorgestellt, wie eine weltweite Vollversorgung mit erneuerbaren Energieträgern erreicht werden könnte. Dabei sinkt der Primärenergiebedarf von den heutigen rund 500 Exajoule auf rund 400 Exajoule pro Jahr, die Versorgung mit Endenergie aber wächst. Dabei wird Strom zur wichtigsten Energieform – anders als heute, wo flüssige (Öl) und feste (Kohle) Energieträger dominieren. Strom wird in der Elektromobilität eingesetzt ebenso wie in der Raumheizung durch Wärmepumpen, wodurch große Effizienzgewinne erzielt werden. Der benötigte Strom wird überwiegend aus Wind- und Solarenergie erzeugt. Die Schwankungen der Erzeugung werden durch Lastenausgleich in einem «Super-Smart-Grid» und durch diverse Speicheroptionen ausgeglichen. Notwendig wäre für dieses Szenario eine mittlere jährliche Wachstumsrate der erneuerbaren Energien von 4,8%.

Der Beirat spezifiziert darüber hinaus zwei Leitplanken zu großtechnischen Optionen, die gegenwärtig im Zentrum heißer umweltpolitischer Debatten stehen: der Kernenergie und der Kohlenstoffspeicherung. Der WBGU-Ansatz sieht *keine* Renaissance der Kernenergie vor, die gegenwärtig 2% des weltweiten

Energiebedarfs deckt. Eine Erhöhung dieses Anteils in den kommenden 30 Jahren, bei wachsendem Energiebedarf und alterndem Reaktorbestand, würde den Bau von vielen hunderten neuer Atomkraftwerke erfordern – eine weder realistische noch wünschenswerte Option. Hauptsächlich aufgrund der Risiken, die mit der weltweiten Verbreitung von Reaktortechnologien (u. a. in die Krisengebiete des Mittleren Ostens, Afrikas und Lateinamerikas) verbunden wären, scheint hier eine langfristige Null-Leitplanke angemessen. Tatsächlich ist das Klima-Energie-Problem auch ohne Atomstrom zu lösen.

Dazu kann ein neuartiger und (wesentlich unbedenklicherer) technologischer Joker gezogen werden: Gemeint ist die geologische Kohlenstoffspeicherung («Sequestrierung»). Diese Möglichkeit zur Ausbremsung des Klimawandels ist in einem Sonderbericht des IPCC ausführlich diskutiert.[136] Die Grundidee bei diesem Ansatz ist, CO_2 aus fossilen Brennstoffen bei der industriellen Nutzung (z. B. Stromerzeugung) abzuscheiden, in geeigneter Form (z. B. flüssig) zu geologischen Speichern (z. B. Gesteinsformationen, ausgeförderte Flöze, Sedimente unter dem Meeresboden) zu transportieren und dort für lange Zeit (mindestens mehrere Jahrtausende) von der Atmosphäre zu isolieren. In Abbildung 5.2 sind die wichtigsten Systemoptionen schematisch zusammengefasst.

Die Einbeziehung der Sequestrierungsoption in die Klimaschutzdiskussion hat inzwischen fieberhafte Aktivitäten unter Wissenschaftlern und Ingenieuren ausgelöst: Einerseits werden mit Hochdruck die schon bestehenden Abscheidungstechniken auf ihre Wirtschaftlichkeit und Machbarkeit bei massiver Erweiterung der zu handhabenden CO_2-Volumina geprüft, andererseits ist so etwas wie ein «grüner» Goldrausch unter den geologischen Dienstleistern entstanden, welche die Erde nach den besten Verschlussmöglichkeiten für Kohlenstoff absuchen.

Die Idealkonstellation für diese Großtechnologie zur Begrenzung des Klimawandels wäre die folgende: Im nämlichen Gebiet, wo reiche Vorkommen an fossilen Brennstoffen (z. B. Braunkohle) ausgebeutet werden, befinden sich zugleich die Anlagen zur Verwertung dieser Brennstoffe (z. B. Heizkraftwerke), wel-

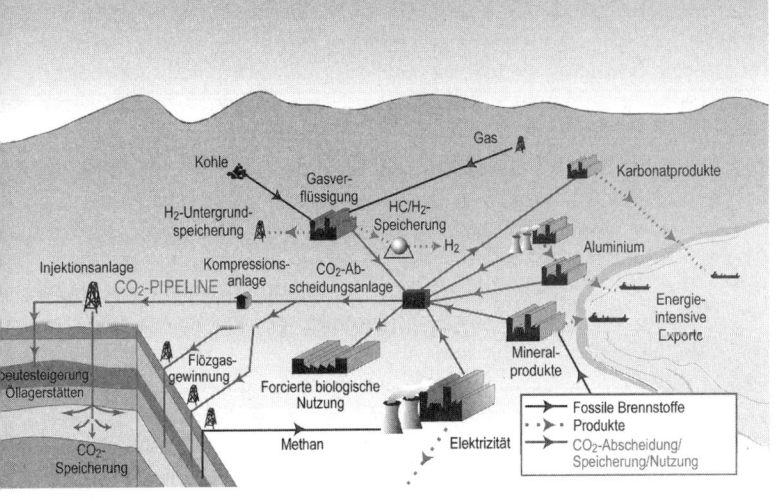

Abb. 5.2: Mögliche Wege ins Endlager für den industriellen Kohlenstoff.
(Quelle: CO2CRC)

che aber mit fortgeschrittener Abscheidungstechnik ausgerüstet sind, so dass der Kohlenstoff an Ort und Stelle in die auszufördernden Lagerstätten zurückgepresst werden kann. In diesem Falle würde also die Menschheit der Erde reine Energie entreißen, aber (fast) alle materiellen Beigaben rezyklieren. Das Schwellenland China, das den USA bereits im Jahr 2006 beim CO_2-Ausstoß «den ersten Rang» abgelaufen hat, könnte solche Idealvoraussetzungen für die Sequestrierung bieten – zumindest in einigen Provinzen.

Natürlich ist von der Geschichte der Kohlenstoffsequestrierung noch nicht einmal das erste Kapitel geschrieben, bestenfalls die Einleitung. In größerem Maßstab wird diese Technologie frühestens nach 2020 zum Einsatz kommen können, und viele Fragen nach ihrer Wirtschaftlichkeit und Sicherheit sind noch offen. Der Beirat bezieht die Sequestrierungsoption ausdrücklich in seine Strategie ein, begrenzt allerdings die bis 2100 durch diese Technologie von der Atmosphäre fernzuhaltende

Gesamtmenge an Kohlenstoff auf maximal 300 Gigatonnen. Diese Zahl ergibt sich aus Machbarkeits- und Wirtschaftlichkeitserwägungen einerseits und der Abschätzung der gesicherten langfristigen Speichermöglichkeiten andererseits. Des weiteren schließt der WBGU kategorisch eine Kohlenstoffverklappung in der Tiefsee aus – die ökologischen Konsequenzen eines solchen Eingriffs sind gegenwärtig völlig unabsehbar.

Schließlich postuliert der Beirat auch noch verschiedene Leitplanken für den Ausbau von kohlenstoffneutralen, erneuerbaren Energiegewinnungstechniken wie Wind- und Wasserkraft sowie Biomasse. Diese Leitplanken berücksichtigen wichtige Nachhaltigkeitskriterien.

Es gibt mehrere Szenarien mit unterschiedlichem Energiemix, die alle die eben erläuterten Nachhaltigkeitsbedingungen erfüllen. Sind diese Wunderszenarien, die Energiesicherheit, Klima- und Naturschutz zugleich garantieren sollen, überhaupt realisierbar und, wenn ja, zu welchem Preis? Der WBGU hat zur Beantwortung dieser essentiellen Fragen eine Reihe von Studien und Modellrechnungen in Auftrag gegeben. Dabei kamen insbesondere fortgeschrittene ökonomische Simulationsmodelle zum Einsatz, welche die Dynamik des klimarelevanten Fortschritts aufgrund innerer und äußerer Antriebskräfte angemessen abbilden. Die Analyse stützte sich vor allem auf die gekoppelten Energiesystem-Ökonomie-Modelle MESSAGE-MACRO des International Institute for Applied Systems Analysis (IIASA) in Österreich[137] und MIND des Potsdam-Instituts.[138] Beide Simulationsmodelle ermitteln den für die globale Volkswirtschaft *günstigsten* Pfad für den Umbau des Weltenergiesystems unter Beachtung der oben ausführlich erläuterten Nachhaltigkeitsgebote.

Pauschal kann man sagen, dass beide Ansätze zu ähnlichen Kostenabschätzungen für den Klimaschutz führen: Die Einbußen beim globalen Bruttosozialprodukt liegen jeweils im Bereich von einem halben Prozent.[139] Dieses außerordentlich wichtige Ergebnis lässt sich auch anders ausdrücken: Bei der Wahl eines optimalen Entwicklungspfades könnte die Rettung des Weltklimas mit der Verzögerung des globalen Wirtschaftswachstums um ca. zwei Monate erkauft werden! Und diesen verhältnismäßig geringen Kosten stünden gewaltige Nutzeffekte gegenüber, auf die wir etwas weiter unten noch eingehen werden.

Wieso ist aber die Energiewende so verhältnismäßig billig zu haben, wo doch noch im 4. IPCC-Bericht die Aufwendungen für eine Stabilisierung des atmosphärischen CO_2-Gehalts bei 450 ppm bis zu zehnmal höher veranschlagt wurden?[140] Die Antwort auf diese berechtigte Frage ist so vielschichtig wie die Problemlage, organisiert sich aber um das Zauberwort «Induzierter Fortschritt». Unter normalen gesamtwirtschaftlichen Betriebsbedingungen sorgen die globalen und nationalen Märkte nach den Gesetzen von Angebot und Nachfrage für die beständige Erzeugung und Verbreitung von Innovationen – selbstverständlich auch im Energiesektor. Der Fortschritt im letzteren Bereich ist allerdings nach dem Verdauen der Ölpreisschocks der 1970er Jahre durch die Industrieländer fast zum Erliegen gekommen (die entsprechenden Investitionen könnten infolge hoher Preise auf dem Rohölmarkt wieder anwachsen, auch wenn eher ein Boom bei der Erschließung bisher unrentabler fossiler Lagerstätten zu erwarten ist). Außerdem reicht die durchschnittliche Innovationsdynamik bei weitem nicht aus, um einen großen Strukturwandel vom Kaliber einer zweiten Industriellen Revolution auszulösen. Aber die Wirtschaftsgeschichte lehrt, dass unter besonderen Bedingungen sehr wohl Forschrittsschübe entstehen können, welche unsere Gesellschaft dramatisch verändern (Beispiel: Gründerzeit).

Die Modellrechnungen von MESSAGE-MACRO und MIND basieren auf der zentralen Annahme, dass die Märkte *aus innerem Antrieb* die richtigen Antworten auf das Klima-Energie-Problem nur teilweise finden können, dass eine wohlstandsverträgliche Lösung aber sehr wohl möglich ist, wenn die öffentlichen Hände (sprich: die Regierungen und Behörden) die *richtigen Rahmenbedingungen* schaffen. Die Staaten müssen die Transformation des Energiesystems aktiv gestalten: zum Beispiel durch Auflagen, die von langfristig katastrophalen Investitionsentscheidungen weglenken, und Anreize, die das verfügbare Kapital in nachhaltigkeitsfördernde Unternehmungen locken. Eine essentielle Auflage in diesem Sinne ist z. B. die überprüfbare Begrenzung der Treibhausgasemissionen auf ein tolerierbares Maß. Anreize in diesem Sinne sind z. B. die Schaffung des Emissionshandels, der energieeffizienten Akteuren Profit verspricht, und natürlich auch die massive staatliche Förderung von Forschung und Entwicklung im Energiebereich. Die Bedeutung der letzten Maßnahme scheint tatsächlich ganz allmählich ins Bewusstsein der Politiker vorzudringen. Durch gründliche Analysen kann man zeigen, dass sich das heutige Weltenergiesystem (und damit die gesamte, auf fossile Brennstoffe gegründete Weltwirtschaft) in einem «lokalen Suboptimum» befindet – so wie ein Schlitten in einer örtlichen Kuhle festsitzt, die nur durch einen kurzen und relativ flach ansteigenden Hang von einem tiefen Tal (dem «globalen Optimum») getrennt ist. Wenn man nur die geringe Extra-Anstrengung aufbringt, den Schlitten über die Böschung zu schieben, dann kann sich das Gefährt in rasante Bewegung setzen! Genau diesen Schubs durch die öffentliche Hand braucht die Energiewende zur Nachhaltigkeit – langfristig zahlt sich die Extra-Investition doppelt, dreifach und vielfach aus.

Konkret zeigen die Modellrechnungen, dass die neue Industrielle Revolution in Richtung Nachhaltigkeit vor allem diese Optionen nutzen muss: 1. Massive Effizienzsteigerungen und Verhaltensänderungen quer durch den Verbraucherkosmos hin zu sparsamerem Umgang mit Primärenergie und Energiedienstleistungen. 2. Ersatz fossiler durch erneuerbare Energien im Rahmen eines durchgreifenden Strukturwandels. 3. Geologische Sequestrierung des inakzeptabel klimaschädlichen Kohlenstoffrests. Auf den dritten Punkt sind wir oben schon ausführlich eingegangen, aber es lohnt sich, wesentliche Aspekte der beiden ersten Optionen nochmals kurz hervorzuheben: Die Nachfrage nach Energiedienstleistungen wird durch steigende Preise allein nur wenig gedämpft; eher könnten bewusste Konsumentenentscheidungen aufgrund verbesserter Einsichten in die Klimaproblematik hier eine wichtige Rolle spielen. Die Verminderung der «Kohlenstoffintensität» des fossilen Sektors dürfte kurzfristig hauptsächlich durch die großflächige Substitution von Kohle und Öl durch das (etwas) klimafreundlichere Erdgas erfolgen.

Langfristig ist jedoch der Strukturwandel zu einer Solargesellschaft unabdingbar. Solarthermie, Windstrom, Photovoltaik und Biomasse sind die Trumpftechnologien der Zukunft. Diese Trümpfe werden allerdings nur dann *rechtzeitig* stechen, wenn die Weltwirtschaft bereit ist, schnell genug zu lernen, und dafür auch die nötige politische Unterstützung bekommt. Technisch ausgedrückt bedeutet dies, dass die «Lernkurven» bei der Etablierung der erneuerbaren Energieformen – aber auch bei der Steigerung der Energieeffizienz im fossilen Energiesektor – steil nach oben weisen müssen. Die Erfahrung zeigt immerhin, dass «Learning by Doing» eine der großen Stärken der demokratischen Marktwirtschaft ist: Je tiefer eine Innovation in die Anwendung vordringt und je breiter ihre Klientel wird, desto rascher steigert sie ihre Leistungskraft und Rentabilität.

Ein hervorragendes Beispiel ist die Windenergie, deren Kosten seit den 1990er Jahren auf weniger als die Hälfte gesunken sind, während die Nennleistung einer neuen Anlage sich mehr als verzehnfacht hat und mittlerweile bei rund 2,2 MW liegt. In Deutschland sind inzwischen (Mitte 2011) rund 22 000 Windräder installiert, die 7 % der nationalen Stromerzeugung erbringen; sie haben damit in einer nur rund 15-jährigen Aufbauphase bereits die Wasserkraft deutlich überholt. An guten Standorten ist die Erzeugung von Windstrom inzwischen wirtschaftlich (bei einem Strompreis von ca. 5 Cent/kWh).

In Deutschland wird der weitere Ausbau der Windkraft vor allem auf See stattfinden, wo im Mittel 3500 Volllast-Stunden pro Jahr erreicht werden können, über doppelt so viel wie an Land.[141] Das wahre Potential der Windkraft liegt jedoch nicht hierzulande, sondern in einem transeuropäischen Verbund, durch den der europäische Strombedarf fast vollständig von den besten Windstandorten in und um Europa gedeckt werden könnte.[142] Dies sind u. a. die Küsten Schottlands, Norwegens, Marokkos und Mauretaniens sowie das nördliche Russland und Kasachstan, wo vielerorts an Land (und in dünn besiedelten Gebieten) über 3000 Volllast-Stunden möglich sind. Von diesen Standorten aus könnte bereits mit heutiger Technologie der Strom zu weniger als 5 Cent/kWh zu uns geliefert werden – Leitungskosten von 1,5–2 Cent/kWh bereits eingerechnet. Wasserkraftwerke könnten genutzt werden, um die zeitlichen Schwankungen im Windstrom auszugleichen – schon allein die Kapazität der norwegischen Stauseen würde für einen Großteil der zukünftigen Backup-Aufgaben ausreichen. Voraussetzung dafür ist allerdings der Aufbau der dazu notwendigen Fernleitungen.

Eine weitere vielversprechende Option sind solarthermische Kraftwerke, bei denen durch Spiegel die Sonnenwärme konzentriert und damit durch eine Turbine Strom erzeugt wird (verschiedene Technologien sind in Abb. 5.3 skizziert). Seit Mitte der 1980er Jahre sind in Kalifornien neun solcher Kraftwerke mit Parabolrinnen im kommerziellen Betrieb. Eine Reihe von solarthermischen Kraftwerken sind derzeit im Bau, insbesondere in Spanien, den USA und Frankreich. Mit derartigen Kraftwerken könnte ebenfalls aus nordafrikanischen Staaten Strom nach Europa geliefert werden; an guten Standorten könnte dies schon bald wirtschaftlich sein. Als nächster Schritt muss hier – ebenso wie für den Windstrom – ein leistungsfähiger Stromverbund geschaffen werden.

Ernsthaftere Überlegungen zum induzierten technologischen Wandel bei beschleunigter Wissensakkumulation gibt es erstaunlicherweise erst seit wenigen Jahren, aber die Debatte nimmt nun Fahrt auf. Der erste echte Meilenstein, der gegenwärtig passiert wird, ist ein internationaler Simulationsvergleich, bei dem etwa ein Dutzend unterschiedliche Energie-Umwelt-

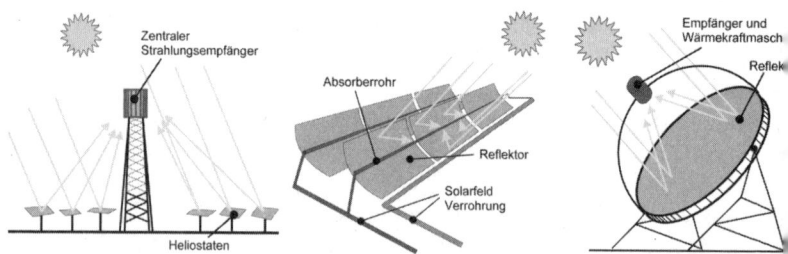

Abb. 5.3: Prinzipien der Strahlungskonzentration in thermischen Solarkraftwerken. V. l. n. r.: Solarturm, Parabolrinne, Paraboloid. (Quelle: DPG[141])

Ökonomie-Modelle unter genau definierten Bedingungen auf das Klimaschutzproblem losgelassen werden.[143] Dieses groß angelegte wissenschaftliche Experiment bestätigt eindrucksvoll die mit Hilfe von MESSAGE-MACRO und MIND gewonnenen, oben dargestellten Einsichten: Unter den Voraussetzungen hochdynamischer Innovation berechnet die Modellschar im Mittel die Kosten für die atmosphärische CO_2-Stabilisierung bei 450 ppm mit etwa 0,5 % des globalen Bruttosozialprodukts. Die genauen Kostenabschätzungen der einzelnen beteiligten Modelle sind in Abbildung 5.4 aufgeschlüsselt. Der unter dem Akronym IMCP bekannt gewordene Modellvergleich vertieft zugleich die Erkenntnis, dass die Märkte dieses außerordentlich günstige Ergebnis aber nicht selbständig realisieren können, da sie blind den Gesetzen von Angebot und Nachfrage folgen: Der Fortschrittshund der Weltwirtschaft muss schon von der Energiepolitik zum Jagen getragen werden!

Dieser Exkurs über die volkswirtschaftlich-technologischen Bedingungen des Klimaschutzes war notwendig, um den WBGU-Ansatz richtig würdigen zu können: Er gibt nicht nur die ökologischen Grenzen des konventionellen Wachstums vor, sondern skizziert auch den ökonomischen Pfad zum innovativen Wachstum *innerhalb* jener Grenzen. Damit sind zwei der drei wesentlichen Dimensionen einer nachhaltigen Strategie abgedeckt – es

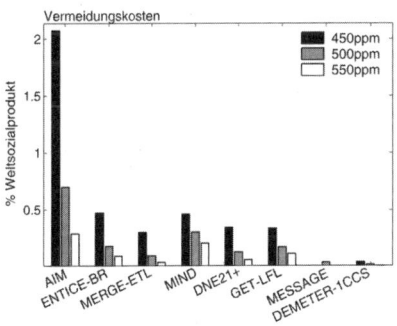

Abb. 5.4: IMCP-Kostenvergleich für CO_2-Stabilisierung bei 450, 500 bzw. 550 ppm. Erfasst sind nur Modelle, die in vergleichbarer Weise geeignet sind, den technischen Fortschritt darzustellen. (Quelle: Edenhofer et al.[143])

fehlt noch die soziale Gerechtigkeit. Diese lässt sich im Kontext der anthropogenen Erderwärmung in zwei ethischen Grundüberzeugungen zusammenfassen: 1. Jeder Mensch ist nicht nur vor dem Gesetz, sondern auch vor der Natur gleich. 2. Wer den Klimaschaden anrichtet, soll auch dafür geradestehen («Polluter Pays Principle»). Auf Prinzip Nr. 2 werden wir weiter unten eingehen; zunächst wollen wir uns mit dem Gleichheitsgebot auseinandersetzen.

Denn selbst wenn man die weltweiten Emissionen so einschränkt, dass das 2-Grad-Ziel (bzw. die CO_2-Stabilisierung bei 450 ppm) erreichbar wird, bleibt doch noch die Frage offen: Wie soll der «globale Verschmutzungskuchen» auf die einzelnen Akteure (und insbesondere die Staaten der Erde) verteilt werden? Man kann diese Frage mit juristischer Fingerfertigkeit drehen und wenden, was in den letzten Jahren auch ausgiebigst geschehen ist. Aber letztlich gibt es doch nur eine robuste und moralisch vertretbare Antwort: Jede Erdenbürgerin und jeder Erdenbürger hat exakt den gleichen Anspruch auf die Belastung der Atmosphäre, die zu den wenigen «globalen Allmenden» zählt. Der WBGU hat dieses Prinzip schon im Jahr 1995 anlässlich der Vorbereitungen der 1. VSK in Berlin propagiert und damit damals verblüffte bis gereizte Politikerreaktionen ausgelöst: Wie um alles in der Welt soll der Gleichheitsgrundsatz im Klimaregime völkerrechtlich anerkannt – und erst recht umgesetzt – werden, wo doch heute ein Nordamerikaner durchschnittlich hundertmal so viele CO_2-Emissionen verursacht wie die Bewohner südindischer oder westafrikanischer Regionen? Inzwischen ist jedoch die Klimaschutzkarawane ein Stück weitergezogen, und der WBGU-Vorstoß ist Teil eines breiten ethischen Diskurses geworden, der immer größere Dynamik entfaltet.

Bei den Nach-Kyoto-Verhandlungen in den kommenden Jahren werden die Industrieländer einsehen müssen, dass jeder Versuch einer Besitzstandswahrung bei der Erdverschmutzung (sinnigerweise als «Grandfathering Principle» bekannt!) den aufstrebenden Entwicklungsländern (wie China, Indien, Brasilien, Mexiko und Nigeria) nur einen Freibrief für dauerhaft ungebremsten CO_2-Ausstoß ausstellen würde. Wenn der Norden

Der WBGU-Pfad zur Nachhaltigkeit

den Süden tatsächlich mit ins Nachhaltigkeitsboot holen will, dann kann dies nur unter fairen Bedingungen gelingen.

Eine der fundamentalen naturwissenschaftlichen Randbedingungen der Klimapolitik ist die Tatsache, dass *insgesamt* (also nicht jährlich) nur noch eine begrenzte Menge an CO_2 ausgestoßen werden kann, wenn die globale Erwärmung auf 2 Grad (oder auch einen anderen Wert) begrenzt werden soll. Emittieren wir heute mehr, bleibt für morgen nur noch weniger übrig. Das liegt an der langen Verweildauer von CO_2 in der Atmosphäre – die Erde verzeiht uns vergangene Sünden nur sehr langsam. Diesen begrenzten «Kuchen» an noch vertretbaren Emissionen gilt es also, gerecht aufzuteilen.

Wie groß ist dieser Kuchen? Umfassende Analysen haben gezeigt, dass die Menschheit zwischen 2010 und 2050 noch rund 750 Milliarden Tonnen CO_2 aus fossilen Quellen in die Atmosphäre entlassen kann, wenn wir mit einer Wahrscheinlichkeit von zwei Dritteln unterhalb der 2-Grad-Leitplanke bleiben wollen.[134] Verteilt man diesen Kuchen gerecht auf die heutige Weltbevölkerung, bleiben für jeden im Mittel 2,7 Tonnen CO_2 pro Jahr. Die Emissionen müssen daher vom heutigen Schnitt von jährlich rund 4,5 Tonnen auf rund 1 Tonne im Jahr 2050 sinken und in den Jahrzehnten nach 2050 gegen null reduziert werden.

Die Industriestaaten, die bei über zehn Tonnen pro Kopf starten, können aus eigener Kraft gar nicht innerhalb ihres Emissionsbudgets bleiben – selbst wenn man ihnen ihre vergangenen Emissionen nicht anrechnet, sondern nur die künftigen auf Pro-Kopf-Basis gerecht verteilt. Daher bietet sich eine globale Kooperation an, bei der Niedrigemissionsländer (wie Indien oder afrikanische Staaten) den Industrieländern Emissionsrechte abtreten und dafür im Gegenzug Hilfe bei Klimaschutz- und Anpassungsmaßnahmen erhalten. Wie dies funktionieren könnte, hat der WBGU detailliert durchgerechnet und 2009 in einem Gutachten zum Budgetansatz dargelegt.[134] Abb. 5.5 illustriert mögliche Emissionspfade für verschiedene Ländergruppen.

Wir haben große Sorgfalt darauf verwandt, den WBGU-Ansatz zu erläutern, weil er eines der wenigen *integrierten Konzepte* zur Ausbremsung des Klimawandels darstellt. Eine äh-

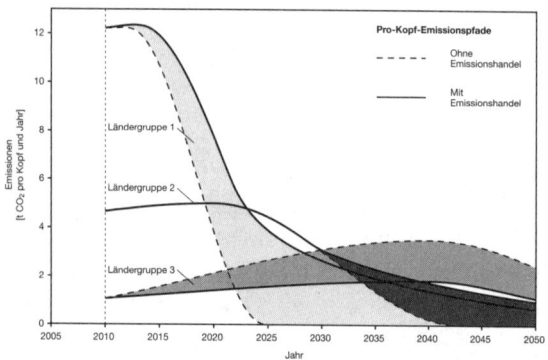

Abb. 5.5: Beispiele für Pro-Kopf-Emissionsverläufe von CO_2 für drei Ländergruppen: solche mit hohen Emissionen (u.a. Industriestaaten, Gruppe 1), mittleren Emissionen (u.a. China, Gruppe 2) und niedrigen Emissionen (typischerweise Entwicklungsländer, Gruppe 3). Ohne handelbare Emissionsrechte führt der Ansatz gleicher Pro-Kopf-Rechte zu nicht erfüllbaren Reduktionen bei den Industriestaaten (gestrichelte Linien). Mit Emissionshandel ergeben sich dagegen realisierbare Emissionsverläufe (durchgezogene Linien). Im gezeigten Beispiel würden die Länder der Gruppe 1 122 Mrd. Tonnen CO_2 Emissionsrechte hinzukaufen und damit ihr Budget um 75% erhöhen, während die Gruppe 3 Emissionsrechte abgibt.

lich breite, aber weniger tief gehende Analyse organisiert sich um die Idee der «Vermeidungskeile».[144] Bei diesem Ansatz wird versucht zu zeigen, daß mit schon existierenden Technologien und Instrumenten Treibhausgasemissionen im Gigatonnen-Bereich vermieden werden können und man nicht erst auf futuristische Wunderwaffen warten muß.[145]

Anpassungsversuche

Bisher haben wir allerdings die Klimarechnung ohne den Wirt, sprich: die nicht vermiedenen/vermeidbaren Klimafolgen, gemacht. Und dieser Wirt dürfte darauf bestehen, dass die Zeche bezahlt wird – in Form von wirtschaftlichen Schäden, sozialen Verwerfungen und großen Verlusten an Menschenleben. Wie schon erwähnt, ist es ausgesprochen schwierig, diese Auswirkungen präzise als Funktion der Erderwärmung zu beziffern. Immerhin wagen sich inzwischen diverse Studien daran, zumindest Größenordnungen abzuschätzen. Nach einer Untersuchung des Deutschen Instituts für Wirtschaftsforschung können bei einem Anstieg der globalen Mitteltemperatur um 3,5 °C bis 2100 ökonomische Verluste im Wert von 150 Billionen US-Dollar entstehen, bei einem Anstieg um 4,5 °C könnten sich diese Verluste sogar noch verdoppeln.[146] Damit würden die volkswirtschaftlichen Einbußen rund zwanzigmal so hoch liegen wie die Kosten der Klimastabilisierung auf einem akzeptablen Niveau! Von praktisch unersetzlichen Werten wie menschlicher Gesundheit, kultureller Heimat oder Naturerbe ist bei diesem Kalkül noch nicht einmal die Rede.

An dieser Stelle käme eigentlich das oben erwähnte Verursacherprinzip ins Spiel: Denn «eigentlich» müssten diejenigen Länder, die überproportional viele Treibhausgase ausstoßen, diejenigen Länder, die überproportional unter den Auswirkungen leiden, in angemessener Weise entschädigen. Die direkte Durchsetzung des «Polluter Pays Principle» im Rahmen einer internationalen Klimagerichtsbarkeit würde allerdings, wie skizziert, einen ungeheuren Kapitalfluss von den Industriestaaten in die Entwicklungsländer verursachen und deshalb von Ersteren mit allen Mitteln bekämpft werden. Den rettenden Ausweg für alle könnte die *proaktive Anpassung* an den Klimawandel darstellen, wobei die heutigen Notstandsländer des Südens vor besonders hohen Herausforderungen stünden.

Aber was ist «Anpassung»? Die einschlägige Forschung verzettelt sich beim Versuch der Beantwortung dieser Frage seit vielen Jahren in ziemlich fruchtlosen konzeptionellen Diskursen. Deshalb hier unsere Definition: «Anpassung an den Klimawandel ist der Versuch, die potentiell negativen Folgen durch möglichst intelligente, preiswerte und leicht durchführbare Maßnahmen weitestgehend abzuschwächen und die potentiell positiven Folgen durch ebensolche Maßnahmen weitestgehend zu verstärken.»

Im Idealfall bedarf es tatsächlich nur einer cleveren und kostenlosen Umstellung des Alltagsverhaltens, die vielleicht sogar noch zusätzliche Lebensqualität schafft: Warum sollten sich die Deutschen beispielsweise nicht die mediterrane Siesta angewöhnen, wenn die Temperaturen hierzulande auf Mittelmeerniveau stiegen? Im schlimmsten Fall jedoch – und es wird viele «schlimmste Fälle» geben – ist die Anpassung nichts weiter als eine von der Natur unter Blut, Schweiß und Tränen erzwungene Reaktion der betroffenen Gesellschaft: Wie sollen beispielsweise die Küstenmetropolen am Indischen Ozean gehalten werden, wenn der Meeresspiegel tatsächlich um mehrere Meter steigt? Und der Umbau der mitteleuropäischen Hauptstädte wie Berlin und London auf Subtropen-Tauglichkeit dürfte nicht aus der Portokasse zu bezahlen sein.

Das wahre Ausmaß des sich unerbittlich aufbauenden Anpassungsdrucks ist leider kaum jemandem bewusst – auch nicht den professionellen Klimaunterhändlern im Rahmen des UN-Systems. Belege für diese Einschätzung sind Zuschnitt und Größenordnung der kümmerlichen «Marrakesch-Fonds», die auf der 7. VSK zur Finanzierung von Klimaschutzmaßnahmen in Entwicklungsländern eingerichtet wurden. Selbst die 2009 in Kopenhagen avisierte Aufstockung der Transferleistungen für Anpassung und Vermeidung auf 100 Milliarden Dollar ab dem Jahr 2020 wird dem Problem nicht gerecht. Zudem spricht zurzeit vieles dafür, dass es bei dieser hehren Absichtserklärung bleiben wird.

Man muss kein Zyniker sein, um festzustellen, dass hier versucht wird, ein Billionen-Dollar-Problem faktisch mit einem Millionen-Dollar-Programm zu beheben: Das gegenwärtige Missverhältnis zwischen Angebot und Bedarf liegt also grob bei eins zu einer Million! Von der globalen Klimaschutzarchitektur sind somit vorläufig in Sachen Anpassung nicht mehr als Tropfen auf den heißer werdenden Planeten zu erwarten. Wir werden auf diese Thematik aber noch einmal zurückkommen.

Abgesehen von der direkten Erschließung neuer Finanzquellen für Anpassungsmaßnahmen in den besonders verwundbaren Zonen der Erde gibt es allerdings noch eine Vielzahl von *institutionellen Optionen*, welche nicht innerhalb des Systems der Klimarahmenkonvention verfolgt werden müssen und die wesentlich dazu beitragen könnten, die Folgen der Erderwärmung besser zu verkraften. Auf der globalen Skala sind hier in erster Linie die Weltgesundheitsorganisation (WHO) und das

UN-Hochkommissariat für Flüchtlingswesen (UNHCR) zu nennen: Wie wir schon erläutert haben, wird sich die weltweite epidemiologische Situation mit dem Klimawandel drastisch verändern, und der beschleunigte Meeresspiegelanstieg allein wird die Migrationsströme der Vergangenheit als vergleichsweise pittoreske Wanderungen in kleinen Gruppen erscheinen lassen. Eine rasche Analyse der Strukturen und Kapazitäten des heutigen UN-Flüchtlingswerks zeigt, dass bereits die Migrationsprobleme der Gegenwart kaum bewältigt werden können. Um die drohende klimabedingte Völkerwanderung im planetarischen Maßstab gewaltfrei zu «verarbeiten», bedarf es einer grundsätzlichen Reform und der Ausstattung mit höchsten politischen Kompetenzen über eine Fortschreibung der UN-Charta. In ähnlicher Weise ist die WHO an die Bedürfnisse der Zukunft anzupassen. Beispielsweise kann man sich schwer vorstellen, dass das heutige (der Erfahrungswelt des 19. Jahrhunderts entsprungene) internationale Quarantänesystem dafür taugt, die Herausforderungen einer hochmobilen Welt im Klimawandel zu bestehen. Eine der größten Bewährungsproben für die institutionelle Elastizität der Menschheit wird im Übrigen die Neuregelung der nationalen Fischfangquoten darstellen – das jetzige System der Hochseefischerei steht auch ohne massive Klima- und Meeresveränderungen (Versauerung!) vor dem Kollaps.

Auf der regionalen bis kommunalen Skala gibt es noch viel mehr Bedarf, aber auch Spielräume, wirksame und kostengünstige Regelungen zur Anpassung an die Erderwärmung in Gang zu bringen. Im Grunde müssten sämtliche Planungsmaßnahmen zu Raumordnung, Stadtentwicklung, Küstenschutz und Landschaftspflege unter einen obligatorischen Klimavorbehalt gestellt und durch geeignete Anhörungsverfahren («Climate Audits») zukunftsfähig gestaltet werden. Das Gleiche gilt für alle privaten und öffentlichen Infrastrukturgroßprojekte (wie Talsperren oder Hafenanlagen), für die Fortschreibung von Verkehrswegeplänen, für die regionale Industriepolitik (welche künftige Standortbedingungen antizipieren muss), für die Überarbeitung nationaler Tourismuskonzepte etc. Eine riesige Aufgabe türmt sich beispielsweise vor der EU auf, welche ihr sündteures und ohnehin reformbedürftiges Herzstück – die gemeinsame Agrarpolitik – mit den klimabedingten Veränderungen der landwirtschaftlichen Produktionsbedingungen in Europa und Übersee kompatibel machen muss. Die zuständigen Regierungen und Behörden haben noch gar nicht erfasst, dass da eine gewaltige Lawine auf sie zukommt, bzw. beschlossen, den fernen Donner zu überhören. Einige rühmliche Ausnahmen – wie etwa der zaghafte Versuch mancher Verwaltungen, neue Bebauungspläne mit veränderten Überschwemmungsrisiken im Gefolge des Klimawandels abzugleichen – können das Gesamtbild kaum aufhellen. Eine größere Anpassungsdynamik ist da schon von der privaten Wirtschaft zu erwarten: im Wasser-, Abfall-, Bau-, Energie-, Forst- und Weinsektor etwa beginnt man die Zeichen der Zeit (langsam) zu erkennen, und allen voran bewegt sich die (Rück-)Versicherungswirtschaft. Ihr Überleben steht auf dem Spiel, wenn die Prämienstruktur nicht optimal an die durch die Erderwärmung massiv verzerrte Entwicklung der versicherten Schäden – vor allem durch extreme Wetterereignisse – angepasst wird.

Haben also die neoliberalen Theoretiker vom Schlage Lomborgs (siehe den oben erwähnten «Kopenhagener Konsens») recht, die darauf vertrauen, dass die Märkte in der Lage sein werden, auch die gewaltigste Anpassungsleistung der Zivilisationsgeschichte zeitgerecht zu organisieren, und wir daher auf ein Abbremsen des Klimawandels verzichten können? Die oft geführte Diskussion um «Anpassung statt Vermeidung» erweist sich bei näherem Hinsehen rasch als Scheinalternative. In Wahrheit ist beides unerlässlich: Erhebliche Anpassung an den Klimawandel wird auch bei einer Erwärmung um global «nur» 2°C notwendig sein. Und ohne eine Begrenzung des Klimawandels auf 2°C wäre eine erfolgreiche Anpassung an den Klimawandel kaum möglich. Würde es global 3, 4 oder gar 5°C wärmer, würden wir Temperaturen erreichen, wie sie es seit mehreren Jahrmillionen auf der Erde nicht gegeben hat. Die Grenzen der Anpassungsfähigkeit würden nicht nur für viele Ökosysteme überschritten.

Einzelne Wissenschaftler haben im Zusammenhang mit der Hurrikan-Katastrophe von New Orleans im Spätsommer 2005 dem Vorrang der Anpassung das Wort geredet.[147] Insbesondere wird gelegentlich versucht, die grundsätzliche Überlegenheit von lokalen, kurzfristigen Bewältigungsmaßnahmen gegenüber globalen, langfristigen CO_2-Reduktionsstrategien aufzuzeigen. Solche Gedankengänge verkennen allerdings Charakter und Ausmaß der mit dem Klimawandel verbundenen Herausforderungen. Wir wollen dies gerade am Beispiel der Bedrohung durch tropische Wirbelstürme erläutern: Dass mit fortschreitendem Klimawandel und den dadurch steigenden Oberflächentemperaturen der äquatornahen Meere die Neigung der Natur, Hurrikane oder Taifune von immer zerstörerischer Wucht zu bilden, zunimmt, ist eine ziemlich robuste wissenschaftliche Projektion. Damit hat man aber nur eine typisch statistische Aussage gemacht, die für den Schutz gegen Einzelereignisse wertlos ist: Der individuelle tropische Wirbelsturm ist ein reines Zufallsphänomen, dessen Entstehung überhaupt nicht und dessen Zugbahn bestenfalls für wenige Tage vorhergesagt werden kann. Ein Prognosefehler von einigen Stunden bzw. wenigen Dutzend Meilen könnte tödliche Konsequenzen haben. Insofern ist eine «feinchirurgische» Anpassungsstrategie, bei der die wenigen Verliererstädte oder -landstriche in der Sturmlotterie aufgrund ausreichender Vorwarnzeiten das heranziehende Verhängnis geschickt unterlaufen (durch generalstabsmäßige Evakuierung, Ad-hoc-Sicherung des Gebäudebestands aus den Standardangeboten von Supermärkten oder der Mobilisierung der Nationalgarde), eine gefährliche Illusion.

Wenn sich die Wahrscheinlichkeiten im Hurrikan-Regime der Karibik aufgrund des anthropogenen Klimawandels tatsächlich drastisch ändern, dann muss die ganze betroffene Region Risikomanagement auf der Basis jener modifizierten Wahrscheinlichkeiten betreiben. Im Wesentlichen stehen drei Optionen zur Auswahl: 1. Die veränderte Bedrohungslage ignorieren. 2. Die Karibik flächendeckend hurrikansicher machen. 3. Die gefährdeten Siedlungsräume aufgeben. Politisch sind weder Option 1 noch Option 3 durchsetzbar, da beide unter anderem den Niedergang des US-Bundesstaates Florida implizieren würden. Somit verbleibt als einzige stimmige und gerechte Anpassungsstrategie Option 2, die jedoch mit horrenden Kosten und Anstrengungen verbunden wäre. Erschiene es da vielleicht nicht doch sinnvoller (und billiger), das Übel an der Wurzel zu packen, sprich: durch Emissionsreduktionen dafür Sorge zu tragen, dass das Hurrikan-Regime im (schwer genug zu beherrschenden) Normalbereich bleibt? Denn dadurch würden *mit Sicherheit irgendwo* in der Region Katastrophen verhindert, während die Anpassung *nirgendwo völlige Sicherheit* garantierte, aber *überall Kosten*.

Man kann diese Analyse durch ein Gedankenexperiment aus dem Terrorismusbereich illustrieren: Wenn ein Staat von ausländischen Heckenschützen bedroht wird, die über einen bestimmten Grenzabschnitt eingeschleust werden, dann kann man im Rahmen einer «Anpassungsstrategie» z. B. sämtliche Bürger mit kugelsicheren Westen und gepanzerten Fahrzeugen ausrüsten – da man ja nicht vorhersagen kann, wo und wann die Terroristen zuschlagen werden. Jeder Leser wird zustimmen, dass eine solche Strategie ebenso dumm wie teuer ist. Selbstverständlich wäre hier eine «Vermeidungsstrategie» vorzuziehen, welche das Einsickern der Terroristen durch Abriegelung des fraglichen Grenzabschnittes verhindert – auch wenn dafür große Anstrengungen erforderlich sind. Leider gibt es aber auch in diesem Gleichnis einen faulen Kompromiss, welcher der politischen Realität wohl am nächsten kommt: Die Regierung sieht sich nicht in der Lage, die Grenze nachhaltig zu sichern, organisiert jedoch für alle staatstragenden Figuren umfassenden Personenschutz (den sich darüber hinaus alle Wohlhabenden auf eigene Rechnung besorgen).

Es besteht die große Gefahr, dass sich eine ähnlich faule Kompromissstrategie in der sturmbedrohten Karibik durchsetzen wird: Die Zitadellen der Mächtigen und Reichen (wie Miami und Cancún) werden wind- und wasserdicht gemacht, der Rest der Region muss sehen, wo er bleibt. Diese Form der Anpassung würde dem neoliberalen Ethos durchaus entsprechen – wer arm bleibt, versteht die Chancen der Globalisierung eben nicht zu nutzen und hat somit auch keinen Schutz gegen die Erderwärmung verdient.

Die Koalition der Freiwilligen
oder «Leading by Example»

Mit den oben skizzierten Vorschlägen zur Anpassung *statt* Vermeidung sind wir bei der untauglichsten aller Ausdeutungen des abgedroschenen, aber berechtigten Slogans «Global denken, lokal handeln» angekommen. Natürlich ist auch die lokale Anpassung ein wichtiger Bestandteil einer umfassenden «Klimalösung» – wenn das Kind schon in den Brunnen gefallen ist, muss man es deswegen noch lange nicht ertrinken lassen. Aber eigentlich wird aus dieser Argumentation zugunsten kleinräumigen und individuellen Managements des Klimawandels erst umgekehrt ein Schuh, wenn man nämlich bei der *Vermeidung* ansetzt: Schließlich ist «der Staat» in den meisten Ländern der Erde nur für den kleineren Teil der Treibhausgasemissionen verantwortlich; den Löwenanteil steuern private Produzenten und Konsumenten bei. Wenn man also diese Individualakteure der Volkswirtschaft für einen nachhaltigeren Umgang mit Energie gewinnen könnte, dann wären viele Anpassungsleistungen am Ende der Klimawirkungskette erst gar nicht mehr notwendig.

Gerade im angloamerikanischen Raum, wo Eigenverantwortung immer noch höher bewertet wird als Staatsvorsorge, gibt es in dieser Hinsicht inzwischen eine Reihe von bemerkenswerten Initiativen. Da ist z. B. die «Carbon Reduction Strategy» (CRed), ein Projekt der «East of England Development Agency» und der University of East Anglia zur Dekarbonisierung des britischen Alltags.[148] Ausgangspunkt von CRed ist die Beobachtung, dass jeder Bürger des Vereinigten Königreichs jährlich im Durchschnitt beim Energiekonsum (zu Hause, bei der Arbeit und im Verkehr) so viel CO_2 verursacht, wie man bräuchte, um fünf große Fesselballons zu füllen. Das Projekt strebt an, diesen individuellen Betrag zur Verstärkung des Treibhauseffekts bis 2025 auf das Äquivalent von nur zwei Fesselballons herunterzuschrauben – zumindest für eine Reihe von Kommunen wie der Stadt Norwich. CRed versucht, alle Gesellschafts- und Altersschichten für diese Kampagne zu mobilisieren, und nutzt dafür jede mögliche Plattform (Schulen, Supermärkte, Behörden, Stadien und Theater). Die Initiative hat inzwischen die Unterstützung von lokaler, regionaler und nationaler Prominenz und ist auf dem besten Weg, fester Teil einer nachhaltigkeitsbewussten Bürgerkultur in East Anglia zu werden.

Ein anderer interessanter Ansatz für den individuellen Klimaschutz stammt ebenfalls aus Großbritannien und wurde sogar schon mit Blick auf eine entsprechende künftige Gesetzgebung im Unterhaus debattiert. Es handelt sich dabei um den Vorstoß von Wissenschaftlern und Politikern, *persönliche Verschmutzungskontingente* («Domestic Tradable Quotas», kurz: DTQs) als ökonomisches Instrument zur Begrenzung der Treibhausgasemissionen einzuführen.[149] Die Grundidee ist einfach: Gemäß Kyoto-Protokoll oder fortgeschriebener völkerrechtlicher Vereinbarungen werden bestimmten Staaten bestimmte CO_2-Emissionskontingente zugewiesen. Ein großer Teil eines solchen nationalen Kontingents wird nun in gleiche jährliche Guthaben für jedes Landeskind heruntergebrochen (den Rest versteigert die Regierung an meistbietende Unternehmen und andere Organisationen). Bürger X hat also zum Beginn des Jahres Y einen Betrag von Z Einheiten auf seinem «Kohlenstoff-Konto». Mit Hilfe einer entsprechenden «Kohlenstoff-Kreditkarte» und fortgeschrittener Informationstechnologie (siehe LKW-Maut) können bei allen wirtschaftlichen Handlungen von Herrn X (etwa beim Kauf von Heizöl oder Superbenzin) die damit ursächlich verknüpften CO_2-Emissionen festgestellt und postwendend vom Kohlenstoff-Konto abgebucht werden. Alles läuft analog zum elektronischen Zahlungsverkehr ab, nur dass die Währung nicht aus Euro, sondern Kohlenstoff-Einheiten besteht! Kontoreste können gegen Jahresende weiterverkauft, Kontodefizite ins nächste Jahr übertragen oder durch Handel mit anderen, kohlenstoffsparsameren Bürgern ausgeglichen werden. Ein schwungvoller Individualmarkt nimmt somit dem System seine Starre und schafft gleichzeitig starke ökonomische Anreize für klimabewusstes Verhalten. Der Ansatz ist natürlich noch nicht praxisreif, eröffnet aber neue und bedenkenswerte Perspektiven.

Die DTQ-Idee dürfte in den USA zunächst nur wenige Anhänger finden, aber gerade aus diesem Land, das sich mit konstruktiven Impulsen für die internationale Klimapolitik bislang nicht sonderlich hervorgetan hat, kommen auch eine Reihe ermutigender Signale: Im Gegensatz zur derzeitigen Blockade wirksamer Klimaschutzgesetze auf Bundesebene versuchen beispielsweise eine Reihe von Bundesstaaten (vornehmlich an der pazifischen Westküste und im atlantischen Nordosten) Maßnahmen zur Emissionsreduktion auf den Weg zu bringen. Überraschende Symbolfigur für diese stetig wachsende Bewegung wurde Kaliforniens Gouverneur Arnold Schwarzenegger, der offenbar als CO_2-Terminator in die Umweltgeschichte eingehen will. Er hat eine Gesetzgebung unterstützt, welche die langfristige Entwicklung des Bundesstaates in Richtung Null-Emissionen unverblümt ansteuert. Auch wenn z. B. Schwarzeneggers «Millionen-Sonnendächer-Programm» aufgrund einer politischen Intrige in der State Assembly von Sacramento im ersten Anlauf gescheitert ist, wird Kalifornien mittelfristig nicht mehr von diesem zukunftsfähigen Kurs abzubringen sein. Zumal der «Sun State» damit endlich größere Energieautarkie gewinnen könnte – was in gleicher Weise für alle Bundesstaaten im «Sun Belt» (wie Arizona und New Mexico) gelten würde.

Ebenfalls bemerkenswert ist die Klimaschutzbewegung, die von einzelnen Metropolen in den USA ausgeht und inzwischen Partnerstädte in der ganzen Welt dazugewinnt. Am 16. Februar 2005 (dem Tag, an dem das Kyoto-Protokoll in Kraft trat) rief Greg Nickels, der Oberbürgermeister von Seattle, die Städte Amerikas auf, tiefgreifende Maßnahmen zur Minderung des Treibhausgasausstoßes zu treffen. Am 30. März 2005 formierte sich die Speerspitze der Bewegung, bestehend aus zehn Bürgermeistern von Städten mit insgesamt 3 Millionen Einwohnern, die Briefe an weitere 400 ihrer US-Kollegen verschickten. Am 13. Juni 2005 wurde das «Mayors Climate Protection Agreement», also eine freiwillige Vereinbarung über urbane Klimaschutzmaßnahmen, einstimmig vom amerikanischen Städtetag verabschiedet. Bis Mitte 2011 wurde die Vereinbarung von über 1000 Bürgermeistern unterzeichnet, welche über 86 Millionen Amerikaner repräsentieren. In Anbetracht der durchschnittlichen «CO_2-Schuld» der US-Bürger stehen diese 86 Millionen Menschen wiederum für einen signifikanten Teil der globalen

Treibhausgasemissionen. Das Städtebündnis setzt sich drei Kernziele, nämlich erstens, die Kyoto-Vorgaben innerhalb der beteiligten Kommunen einzuhalten oder möglichst zu übertreffen; zweitens, die Regierungen der entsprechenden Bundesstaaten und der ganzen Nation zu größeren Klimaschutzanstrengungen zu bewegen; und drittens, den US-Kongress zu überzeugen, einen landesweiten Emissionshandel per Gesetz zu etablieren. Als Zwischenfazit bleibt festzuhalten, dass Aktivitäten auf lokaler Ebene durchaus zu Emissionseinsparungen beigetragen und vor allem das Problembewusstsein vieler Bürger geschärft haben. Bei den meisten Mitgliedern des US-Kongresses ist diese Bewusstseinswerdung indes noch nicht zu beobachten.[150]

Weltweit formieren sich derweilen internationale Städtebündnisse zum Kampf gegen die Erderwärmung, wobei neben den US-Metropolen Chicago, New York City, San Francisco und Seattle die Städte Barcelona, Berlin, Kapstadt, Kopenhagen, Melbourne, Mexico City, Paris, Peking und Toronto eine tragende Rolle spielen.[151] Die größten Ambitionen aber entfaltet London, immerhin eine Großstadt mit mehr als 7 Millionen Einwohnern und einem Energiekonsum (zu 70% durch Gebäude und Geräte!) vergleichbar mit dem von Griechenland. Der Oberbürgermeister hat den Anspruch (nicht zuletzt mit Blick auf die Olympischen Spiele im Jahr 2012), London zu einem weltweit leuchtenden Beispiel für die «Urbane Dekarbonisierung» zu machen. Die Stadt hat dazu die «London Development Agency» beauftragt und sich das Ziel gesteckt, die CO_2-Emissionen bis 2025 um 60% gegenüber dem derzeitigen Wert zu senken. Eine durchaus ehrgeizige Marke, wo doch London im Gegensatz zu den meisten europäischen Metropolen beständig weiterwächst.

Warum aber setzen sich Städte an die Spitze der Klimaschutzbewegung? Die Gründe dafür sind so komplex wie einleuchtend: Ein urbanes Zentrum wie London ist hochgradig verwundbar durch die Begleiterscheinungen der ungebremsten Erderwärmung wie Meeresspiegelanstieg, Hitzewellen oder Flüchtlingsbewegungen. Die Stadt muss sich im Grunde neu erfinden, um selbst mit den Herausforderungen eines abgeschwächten Klimawandels zurechtzukommen. Andererseits verursacht dieses Monstrum einen erheblichen Anteil der britischen CO_2-Emissionen auf engstem Raum. Und schließlich wird dieser Raum in hohem Maße autark politisch verwaltet und gestaltet, mit nur sehr bedingten Interventionsmöglichkeiten durch die Landesregierung.

Generell gilt, dass das System Stadt die ideale geographische Einheit darstellt, um integrierte Lösungen des Klimaproblems zu organisieren, also geeignete Kombinationen von Vermeidungs- und Anpassungsmaßnahmen im direkten Dialog mit den konkreten Akteuren zu planen und zu erproben. Die Stadteinheiten sind einerseits klein genug, um den schwerfälligen nationalen Tankern vorauseilen zu können (vom maroden Schlachtschiff der Vereinten Nationen ganz zu schweigen). Und sie sind andererseits groß genug, um individuelle Motive und Aktionen in gerichtete und kraftvolle kooperative Prozesse zu verwandeln. Hier gilt also das Motto: «Medium is beautiful!»

Neben den öffentlichen, subnationalen Verwaltungseinheiten wie Bundesländern, Distrikten und Kommunen gibt es im mittleren Größenbereich natürlich die privaten Wirtschaftseinheiten, die mit gutem Beispiel beim Klimaschutz vorangehen können. Von den weltweit operierenden Energiekonzernen bis zu den ländlichen Agrargenossenschaften reicht das Spektrum der ökonomischen Akteure, die sich mit den Ursachen und Wirkungen der Erderwärmung auseinandersetzen müssen – früher oder später, ob sie wollen oder nicht. Viele von diesen Unternehmen haben bereits erkannt, dass die Nachhaltigkeitspioniere («First Movers») unter ihnen nicht nur auf ein grünes Image in der öffentlichen Wahrnehmung hoffen dürfen, sondern auch auf handfeste wirtschaftliche Vorteile (wie Senkung der Betriebskosten, Verlängerung der Planungshorizonte und Erschließung neuer Märkte).

Zusammen mit wichtigen zivilgesellschaftlichen Organisationen und Verbänden (wie etwa WWF) können die Regionen, Kommunen und Unternehmer – also die Akteure mittlerer Größe und Komplexität – dem Klimaschutz tatsächlich noch zum Sieg verhelfen. Sie können, um einen Ausdruck von George W. Bush ins Positive zu kehren, eine «*Koalition der Freiwilligen*» für den nachhaltigen Umgang mit unserem Planeten bilden. Sie haben genug Einsicht, Beweglichkeit und Macht, um dort erfolgreich zu sein, wo der einzelne Bürger verzweifelt und der Nationalstaat zaudert.

Die Fortschritte auf der mittleren Ebene können und werden im Übrigen enorm nach «unten» und «oben» ausstrahlen (siehe Abb. 5.1): Zum einen in die Zivilgesellschaften hinein, wo die Einsichten über den Klimawandel («Public Understanding of Climate Change») vertieft und denen überzeugende Modellbeispiele für umweltbewusstes Verhalten («Leading by Example») verfügbar gemacht werden müssen, so dass sie die Lebensstilwende zur Nachhaltigkeit nicht verweigern. Zum anderen in die Regierungen hinein, welche Ausmaß, Dringlichkeit und Sprengkraft der Problematik immer noch zu ignorieren scheinen: Beispielsweise wird die Haftungsfrage für die nicht abgewendeten Klimaschäden – vor allem in den Entwicklungsländern – noch nicht einmal ernsthaft diskutiert. Klimagerechtigkeit kann eigentlich erst entstehen, wenn mit jeder erteilten Lizenz für CO_2-Ausstoß zugleich auch die damit verbundene «Kohlenstoffschuld» mit allen potentiellen Schädigungsfolgen registriert wird. Der Handel mit Verschmutzungs*rechten* muss zu einem verallgemeinerten und vereinheitlichen Zertifikatesystem erweitert werden, das die Kehrseite der Entschädigungs*pflichten* verbucht. Erst dann können die Kapitalströme fließen, die für die Anpassung an das Unvermeidliche notwendig sind.

Epilog:
Der Geist in der Flasche

Nach der Lektüre dieses Buchs wird der Leser hoffentlich unserer Ansicht zustimmen, dass die Bewältigung des Klimawandels eine Feuertaufe für die im Entstehen begriffene Weltgesellschaft darstellt. Wir haben versucht zu zeigen, dass die Probe heil überstanden, ja sogar als Chance für einen neuen Aufbruch begriffen werden kann. Für diese Perspektive eines nachhaltigen Krisenmanagements gibt es jedoch keine Garantie. Mindestens ebenso wahrscheinlich ist eine «Ultima-Ratio»-Strategie, auf welche die Regierungen zurückgreifen könnten, wenn sie erkennen, dass sie Geschwindigkeit und Wucht der Klimaproblematik unterschätzt haben, und der Ruf nach einer Rosskur für den Planeten lauter wird.

Der entsprechende Flaschengeist, der geduldig in seinem Behältnis wartet, heißt «Geoengineering». Es gibt keine treffende deutsche Übersetzung für diesen Ausdruck; am ehesten könnte man von «Erdsystemmanipulation» sprechen. Gemeint ist damit der Einsatz von Technologie in planetarischer Größenordnung, um die unerwünschten Umweltfolgen unserer industriellen Zivilisation zu unterdrücken oder gar zu beseitigen. Natürlich regt besonders die Klimaproblematik die Phantasie nicht nur von Wissenschaftlern in diesem Zusammenhang an. Abbildung 5.6 fasst in Cartoon-Form einige der heiß propagierten Ideen der hoffnungsvollen Klima-Ingenieure zusammen.[152]

Die in Abbildung 5.6 skizzierten Optionen zerfallen – wie die Gesamtheit der Vorschläge zur bewussten, großskaligen Klimamanipulation – in zwei Gruppen. Da sind zum einen die *Makro-Vermeidungsstrategien*. Viele Hoffnungen wurden z. B. auf die Stärkung der marinen «biologischen Pumpe» durch künstliche Eisendüngung des Planktons in geeigneten Meeresabschnitten gesetzt – also auf die Stimulation eines natürlichen Mecha-

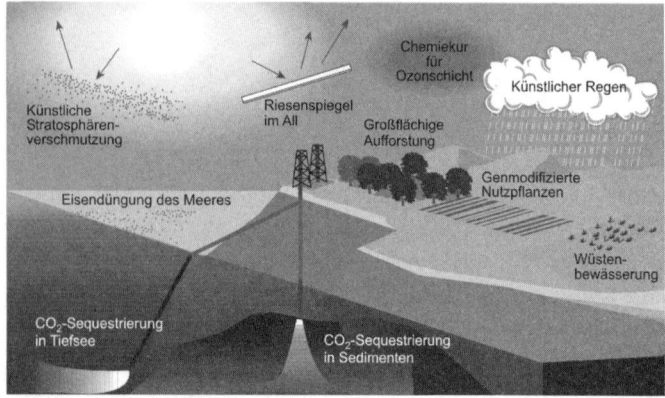

Abb. 5.6: Schematische Darstellung populärer Vorschläge zur großtechnischen Bewältigung des Klimaproblems. (Quelle: Keith[152])

nismus zur Entfernung von überschüssigem CO_2 aus dem planetarischen Kohlenstoffkreislauf. Neuere Forschungsergebnisse dämpfen diese Hoffnungen stark. Von einer Gruppe um den kürzlich verstorbenen «Vater der Wasserstoffbombe», Edward Teller, wurde dagegen die Idee ins Spiel gebracht, die Stratosphäre jährlich mit einigen Raketenladungen an Schwefelpartikeln (Aerosolen) zu beschicken.[153] Solche Partikel werden gelegentlich bei Vulkanausbrüchen in die hohe Atmosphäre geschleudert und sorgen durch Reflektion des Sonnenlichts für künstliche Verdunkelung. Angeblich könnte diese Technik so kalibriert werden, dass die Verstärkung des Treibhauseffekts durch anthropogenes CO_2 gerade ausgeglichen würde – und das zu lachhaft geringen Kosten! Ähnlich geartet, aber noch utopischer ist der Plan, gigantische Spiegel an geeigneten Punkten im Weltall zu stationieren, um der Erderwärmung durch Ablenkung der Sonnenstrahlung entgegenzuwirken.

Und da sind zum anderen die *Makro-Anpassungsstrategien*, die wir nur kursorisch erwähnen wollen und die manche Reminiszenzen an frühere sowjetische Pläne zur großräumigen Manipulation der Umwelt wecken. Zumindest denkbar sind etwa gigantische hydrographische Projekte, wie die Umleitung von

Strömen, die Schaffung neuer Meeresverbindungen (wie der in Israel schon lange diskutierte «Red-Dead-Channel») oder das Auffüllen von kontinentalen Becken (wie dem Kongogebiet) zur Stabilisierung des Meeresspiegels. Ähnlich problematische Überlegungen zur Manipulation der Biosphäre in großem Stil werden immer häufiger vorgebracht.

Wir möchten hier betonen, dass die an früherer Stelle beschriebene geologische Kohlenstoffsequestrierung – ebenso wie nachhaltig geplante und durchgeführte Aufforstungsprogramme – nicht zu den eigentlichen Techniken der Erdsystemmanipulation gehört, da solche Ansätze die CO_2-Emissionen an der Wurzel packen. Die anderen der eben skizzierten Optionen haben dagegen eindeutigen «End of the Pipe»-Charakter mit dem unverblümten Ziel, den Pfusch beim BAU wegzuklempnern. Die historische Erfahrung lehrt leider, dass die Menschheit in der Krise nur allzu bereit ist, zu den fragwürdigsten Mitteln zu greifen und den Korken aus der vermeintlichen Wunderflasche zu ziehen.

Dabei ist dies keineswegs nötig, wie wir in Kapitel 5 darzulegen versucht haben: Unsere moderne Weltgesellschaft mit ihren nahezu unbeschränkten Möglichkeiten der nachhaltigen Zukunftsgestaltung sollte stattdessen den Geist der ökonomischen und sozialen Erneuerung aus der Flasche lassen. Die Kräfte, welche die zweite Industrielle Revolution hervorbringen können, stehen bereit und müssen endlich befreit werden.

Quellen und Anmerkungen

1. Philipona, R., Dürr, B., Marty, C., Ohmura, A. & Wild, M. Radiative forcing – measured at Earth's surface – corroborates the increasing greenhouse effect. Geophysical Research Letters 31 (2004).
2. Arrhenius, S. On the influence of carbonic acid in the air upon the temperature of the ground. The London, Edinburgh and Dublin Philosophical Magazine and Journal of Science 5, 237–276 (1896).
3. Lorius, C., Jouzel, J., Raynaud, D., Hansen, J. & Le Treut, H. The ice-core record: climate sensitivity and future greenhouse warming. Nature 347, 139–145 (1990).
4. Ruddiman, W. F. Earth's climate: past and future (Freeman, New York, 2000).
5. Rahmstorf, S. Timing of abrupt climate change: a precise clock. Geophysical Research Letters 30, 1510 (2003).
6. EPICA Community Members. Eight glacial cycles from an Antarctic ice core. Nature 429, 623–628 (2004).
7. Petit, J. R. et al. Climate and atmospheric history of the past 420,000 years from the Vostok ice core, Antarctica. Nature 399, 429–436 (1999).
8. Kasting, J. F. & Catling, D. Evolution of a habitable planet. Annual Review of Astronomy and Astrophysics 41, 429–463 (2003).
9. Walker, G. Schneeball Erde (Berliner Taschenbuch Verlag, Berlin, 2005).
10. Royer, D. L., Berner, R. A., Montañez, I. P., Tabor, N. J. & Beerling, D. J. CO_2 as a primary driver of Phanerozoic climate. GSA Today 14, 4–10 (2004).
11. Rich, T. H., Vickers-Rich, P. & Gangloff, R. A. Polar dinosaurs. Science 295, 979–980 (2002).
12. Zachos, J., Pagani, M., Sloan, L., Thomas, E. & Billups, K. Trends, rhythms, and aberrations in global climate 65 Ma to present. Science 292, 686–693 (2001).
13. Milankovitch, M. (ed.). Mathematische Klimalehre und astronomische Theorie der Klimaschwankungen (Borntraeger, Berlin, 1930).
14. Loutre, M. F. & Berger, A. Future climatic changes: are we entering an exceptionally long interglacial? Climatic Change 46, 61–90 (2000).
15. Paillard, D. Glacial cycles: Toward a new paradigm. Reviews of Geophysics 39, 325–346 (2001).
16. Crutzen, P. J. & Steffen, W. How long have we been in the Anthropocene era? Climatic Change 61, 251–257 (2003).
17. Ganopolski, A., Rahmstorf, S., Petoukhov, V. & Claussen, M. Simulation of modern and glacial climates with a coupled global model of intermediate complexity. Nature 391, 351–356 (1998).
18. Dansgaard, W. et al. Evidence for general instability of past climate from a 250-kyr ice-core record. Nature 364, 218–220 (1993).
19. Severinghaus, J. P. & Brook, E. J. Abrupt climate change at the end of the last glacial period inferred from trapped air in polar ice. Science 286, 930–934 (1999).
20. Severinghaus, J. P., Grachev, A., Luz, B. & Caillon, N. A method for precise measurement of argon 40/36 and krypton/argon ratios in trapped air in polar ice with applications to past firn thickness and abrupt climate change in Greenland

and at Siple Dome, Antarctica. Geochimica Et Cosmochimica Acta 67, 325–343 (2003).
21. Voelker, A. H. L. & workshop participants. Global distribution of centennial-scale records for marine isotope stage (MIS) 3: a database. Quaternary Science Reviews 21, 1185–1214 (2002).
22. Rahmstorf, S. Ocean circulation and climate during the past 120,000 years. Nature 419, 207–214 (2002).
23. Ganopolski, A. & Rahmstorf, S. Rapid changes of glacial climate simulated in a coupled climate model. Nature 409, 153–158 (2001).
24. Heinrich, H. Origin and consequences of cyclic ice rafting in the northeast Atlantic Ocean during the past 130,000 years. Quaternery Research 29, 143–152 (1988).
25. Teller, J. T., Leverington, D. W. & Mann, J. D. Freshwater outbursts to the oceans from glacial Lake Agassiz and their role in climate change during the last deglaciation. Quaternary Science Reviews 21, 879–887 (2002).
26. Claussen, M. et al. Simulation of an abrupt change in Saharan vegetation in the mid-Holocene. Geophysical Research Letters 26, 2037–2040 (1999).
27. deMenocal, P. et al. Abrupt onset and termination of the African Humid Period: rapid climate responses to gradual insolation forcing. Quaternary Science Reviews 19, 347–361 (2000).
28. Barlow, L. K. et al. Interdisciplinary investigations of the end of the Norse Western Settlement in Greenland. The Holocene 7, 489–499 (1997).
29. Mann, M. E., Bradley, R. S. & Hughes, M. K. Northern hemisphere temperatures during the past millennium. Geophysical Research Letters 26, 759–762 (1999).
30. Moberg, A., Sonechkin, D. M., Holmgren, K., Datsenko, N. M. & Karlen, W. Highly variably Northern Hemisphere temperatures reconstructed from low- and high-resolution proxy data. Nature 433, 613–617 (2005).
31. Oerlemans, J. H. Extracting a climate signal from 169 Glacier Records. Science 308, 675–677 (2005).
32. Weart, S. R. The discovery of global warming (Harvard University Press, Harvard, 2003).
33. Climate Research Board. Carbon Dioxide and Climate: A Scientific Assessment (National Academy of Sciences, Washington, DC, 1979).
34. IPCC – Intergovernmental Panel on Climate Change (ed.). Climate Change: The IPCC Scientific Assessment (Cambridge University Press, Cambridge, 1990).
35. IPCC. Climate Change 1995 (Cambridge University Press, Cambridge, 1996).
36. IPCC. Climate Change 2001 (Cambridge University Press, Cambridge, 2001).
37. IPCC. Climate Change 2007 (Cambridge University Press, Cambridge, 2007).
38. Eine knappe und gut lesbare Geschichte des Treibhausproblems hat der Wissenschaftshistoriker Spencer Weart in seinem Buch The Discovery of Global Warming vorgelegt (Harvard University Press 2003, 240pp.).
39. Suess, H. E. Radiocarbon concentration in modern wood. Science 122, 415–17 (1955).
40. Sabine, C. L. et al. The oceanic sink for anthropogenic CO_2. Science 305, 367–371 (2004).
41. Feely, R. A. et al. Impact of anthropogenic CO_2 on the $CaCO_3$ system in the oceans. Science 305, 362–366 (2004).
42. Lucht, W. et al. Climatic control of the high-latitude vegetation greening trend and Pinatubo effect. Science 296, 1687–1689 (2002).
43. Parker, D. E. Climate – Large-scale warming is not urban. Nature 432, 290–290 (2004).

44. www.met-office.gov.uk/research/hadleycentre/obsdata/globaltemperature.html
45. www.klima-potsdam.de
46. Fu, Q., Johanson, C. M., Warren, S. G. & Seidel, D. J. Contribution of stratospheric cooling to satellite-inferred tropospheric temperature trends. Nature 429, 55–58 (2004).
47. Solanki, S. K. & Krivova, N. A. Can solar variability explain global warming since 1970? Journal of Geophysical Research 108, 1200 (2003).
48. Hegerl, G. et al. Multi-fingerprint detection and attribution analysis of greenhouse gas, greenhouse-gas-plus-aerosol and solar forced climate change. Climate Dynamics 13, 631–634 (1997).
49. Tett, S. F. B., Stott, P. A., Allen, M. R., Ingram, W. J. & Mitchell, J. F. B. Causes of twentieth-century temperature change near the Earth's surface. Nature 399, 569–572 (1999).
50. Lean, J., Beer, J. & Bradley, R. Reconstruction of solar irradiance since 1610 – implications for climate-change. Geophysical Research Letters 22, 3195–3198 (1995).
51. Foukal, P., North, G. & Wigley, T. A stellar view on solar variations and climate. Science 306, 68–69 (2004).
52. Hansen, J. et al. Earth's energy imbalance: Confirmation and implications. Science 308, 1431–1435 (2005).
53. Schneider von Deimling, T., Held, H., Ganopolski, A. & Rahmstorf, S. Climate sensitivity estimated from ensemble simulations of glacial climate. Climate Dynamics 27, 149–163 (2006).
54. Stainforth, D. A. et al. Uncertainty in predictions of the climate response to rising levels of greenhouse gases. Nature 433, 403–406 (2005).
55. IPCC – Intergovernmental Panel on Climate Change (ed.). Special Report on Emissions Scenarios. A Special Report of Working Group III of the Intergovernmental Panel on Climate Change (Cambridge University Press, Cambridge, 2000).
56. Diese Spanne von einem Faktor drei ist etwas kleiner als eine einfache Kombination der Unsicherheitsspannen im Strahlungsantrieb und in der Klimasensitivität erwarten ließe, weil die thermische Trägheit hier ausgleichend wirkt: sie dämpft den Temperaturanstieg bei den pessimistischen Szenarien stärker.
57. Mann, M. E. et al. Proxy-based reconstructions of hemispheric and global surface temperature variations over the past two millenia. Proceedings of the National Academy of Sciences of the United States of America 105, 13252–13257 (2008).
58. Cox, P. M., Betts, R. A., Jones, C. D., Spall, S. A. & Totterdell, I. J. Acceleration of global warming due to carbon-cycle feedbacks in a coupled climate model. Nature 408, 184–187 (2000).
59. Lindzen, persönliche Mitteilung.
60. Cramer, W. et al. Comparing global models of terrestrial net primary productivity (NPP): overview and key results. Global Change Biology 5, 1–15 (1999).
61. Paul, F., Kääb, A., Maisch, M., Kellenberger, T. & Haeberli, W. Rapid disintegration of Alpine glaciers observed with satellite data. Geophysical Research Letters 31 (2004).
62. Thompson, L. G. et al. Kilimanjaro Ice Core Records: Evidence of Holocene Climate Change in Tropical Africa. Science 298, 589–593 (2002).
63. Thompson, L. G. et al. Tropical glacier and ice core evidence of climate change on annual to millennial time scales. Climatic Change 59, 137–155 (2003).
64. Correll, R. et al. Impacts of a Warming Arctic (Cambridge University Press, Cambridge, 2004). http://www.acia.uaf.edu/. Für aktuelle Daten zum Grönland-Eis siehe http://cires.colorado.edu/science/groups/steffen/

65. Haas, C. et al. Reduced ice thickness in Arctic Transpolar Drift favors rapid ice retreat. Geophys. Res. Lett. L 17501 (2008).
66. Chylek, P. & Lohmann, U. Ratio of the Greenland to global temperature change: Comparison of observations and climate modeling results. Geophysical Research Letters 32, L14705 (2004).
67. Gregory, J. M., Huybrechts, P. & Raper, S. C. B. Threatened loss of the Greenland ice-sheet. Nature 428, 616 (2004).
68. Joughin, I., Abdalati, W. & Fahnestock, M. Large fluctuations in speed on Greenland's Jakobshavn Isbrae glacier. Nature 432, 608–610 (2004).
69. Zwally, H. J. et al. Surface melt-induced acceleration of Greenland ice-sheet flow. Science 297, 218–222 (2002).
70. Rignot, E. et al. Accelerated ice discharge from the Antarctic Peninsula following the collapse of Larsen B ice shelf. Geophysical Research Letters 31 (2004).
71. Scambos, T. A., Bohlander, J. A., Shuman, C. A. & Skvarca, P. Glacier acceleration and thinning after ice shelf collapse in the Larsen B embayment, Antarctica. Geophysical Research Letters 31 (2004).
72. Rignot, E. et al. Acceleration of Pine Island and Thwaites Glaciers, West Antarctica. Annals Of Glaciology 34, 189–194 (2002).
73. http://nsidc.org/iceshelves/larsenb2002/
74. Hansen, J. E. A slippery slope: How much global warming constitutes «dangerous anthropogenic interference»? Climatic Change 68, 269–279 (2005).
75. Alley, R. B., Clark, P. U., Huybrechts, P. & Joughin, I. Ice-sheet and sea-level changes. Science 310, 456–460 (2005).
76. Oppenheimer, M. & Alley, R. B. The West Antarctic Ice Sheet and Long Term Climate Policy. Climatic Change 64, 1–10 (2004).
77. Kemp, A., Horton, B., Donnelly, J., Mann, M. E., Vermeer, M. & Rahmstorf, S. Climate realated sea-level variations over the past two millennia. Proceedings of the National Academy of Science of the USA. doi: 10.173/pnas. 1015619108 (2011).
78. Cazenave, A. & Nerem, R. S. Present-day sea level change: observations and causes. Reviews of Geophysics 42, 20 (2004).
79. Church, J. A. & White, N. J. A 20th century acceleration in global sea-level rise. Geophys. Res. Lett., 33, L01602, doi: 10.1029/2005GL024826 (2006).
80. Abb. 5 des Summary for Policy Makers.
81. Rahmstorf, S. A new view on sea level rise. Nature Reports Climate Change 4, 44–45 (2010).
82. Schwartz, P. & Randall, D. An abrupt climate change scenario and its implications for United States national security (2003).
83. Curry, R. & Mauritzen, C. Dilution of the northern North Atlantic Ocean in recent decades. Science 308, 1772–1774 (2005).
84. Bryden, H. L., Longworth, H. R. & Cunningham, S. A. Slowing of the Atlantic meridional overturning circulation at 25° N. Nature 438, 655–657 (2005).
85. Levermann, A., Griesel, A., Hofmann, M., Montoya, M. & Rahmstorf, S. Dynamic sea level changes following changes in the thermohaline circulation. Climate Dynamics 24, 347–354 (2005).
86. Claussen, M., Ganopolski, A., Brovkin, V., Gerstengarbe, F.-W. & Werner, P. Simulated global-scale response of the climate system to Dansgaard/Oeschger and Heinrich events. Climate Dynamics 21, 361–370 (2003).
87. Schmittner, A. Decline of marine ecosystem caused by a reduction in the Atlantic overturning circulation. Nature 434, 628–633 (2005).
88. Zickfeld, K. et al. Experts' view on risk of future ocean circulation changes. Climate Change (im Druck).

89. Becker, A. & Grünwald, U. Flood risk in central Europe. Science 300, 1099 (2003).
90. http://www.dwd.de/bvbw/appmanager/bvbw/dwdwwwDesktop?_nfpb=true&_pageLabel=dwdwww_menu2_presse&T98029gsbDocumentPath=Content%2FPresse%2FPressemitteilungen%2F2010%2F201009020__gemeinsamePMDWDundUBADessau__news.html
91. Schär, C. & Jendritzky, G. Hot news from summer 2003. Nature 432, 559–560 (2004).
92. Stott, P. A., Stone, D. A. & Allen, M. R. Human contribution to the European heatwave of 2003. Nature 432, 610–614 (2004).
93. Emanuel, K. Increasing destructiveness of tropical cyclones over the past 30 years. Nature 436, 686–688 (2005).
94. Elsner, J. B., Kossin, J. P. & Jagger, T.H. The increasing intensity of the strongest tropical cyclones. Nature 455 (7209), 92–95. doi: 10.1038/nature07234 (2008).
95. Als Maß für die Energiedissipation gilt die Windgeschwindigkeit hoch drei, integriert über Fläche und Dauer eines Hurrikans. Die Energiedissipation steigt also an, wenn Windgeschwindigkeit, Lebensdauer oder Größe der Hurrikane anwachsen.
96. Schär, C. et al. The role of increasing temperature variability in European summer heat waves. Nature 427, 332–336 (2004).
97. Knutson, T. R. & Tuleya, R. E. Impact of CO_2-induced warming on simulated hurricane intensity and precipitation. Journal of Climate 17, 3477–3495 (2004).
98. www.metoffice.com/sec2/sec2cyclone/catarina.html
99. Steffen, W. (ed.). A Planet Under Pressure – Global Change and the Earth System (Springer, Berlin, 2004).
100. Krajick, K. Climate change: all downhill from here? Science 303, 1600–1602 (2004).
101. Halloy, S. R. P. & Mark, A. F. Climate-change effects on alpine plant biodiversity: A New Zealand perspective on quantifying the threat. Arctic Antarctic And Alpine Research 35, 248–254 (2003).
102. Thomas, C. et al. Extinction risk from climate change. Nature 427, 145–148 (2004).
103. Hare, B. in Avoiding Dangerous Climate Change (eds. Schellnhuber, H. J., Cramer, W., Nakicenovic, N., Yohe, G. & Wigley, T. M. L.) (London, 2005).
104. Root, T. L. et al. Fingerprints of global warming on wild animals and plants. Nature 421, 57–60 (2003).
105. Parry, M. L., Rosenzweig, C., Iglesias, A., Livermore, M. & Fischer, G. Effects of climate change on global food production under SRES emissions and socio-economic scenarios. Global Environmental Change 14, 53–67 (2004).
106. Solow, A. R. et al. The value of improved ENSO prediction to US agriculture. Climatic Change 39, 47–60 (1998).
107. Süss, J. Zunehmende Verbreitung der Frühsommer-Meningoenzephalitis in Europa. Deutsche medizinische Wochenschrift 130, 1397–1400 (2005).
108. The World Health Organization. The World Health Report 2002. WHO, Genf (2002).
109. Oreskes, N. Beyond the ivory tower – The scientific consensus on climate change. Science 306, 1686 (2004).
110. Boykoff, M. T. & Boykoff, J. M. Balance as bias: global warming and the US prestige press. Global Environmental Change-Human And Policy Dimensions 14, 125–136 (2004).
111. McCright, M. & Dunlap, R. E. Defeating Kyoto: The conservative movement's impact on U.S. climate change policy. Social Problems 50, 348–373 (2003).
112. Mooney, C. Some like it hot. Mother Jones (2005). http://www.motherjones.com/news/feature/2005/05/some_like_it_hot.html

113. www.pipa.org/OnlineReports/ClimateChange/html/climate070505.html
114. Rahmstorf, S. Die Klimaskeptiker, in Wetterkatastrophen und Klimawandel – Sind wir noch zu retten? (ed. Münchner Rückversicherung) (2004).
115. www.umweltbundesamt.de/klimaschutz/klimaaenderungen/faq/
116. Der Spiegel, 4.10.2004, Interview mit H. von Storch.
117. http://inhofe.senate.gov/pressreleases/climateupdate.htm
118. In dem Klimamodell, in dem die Methode der Klimarekonstruktion bei einem Test angeblich schlecht abgeschnitten hatte, war die Methode falsch kalibriert worden, siehe Wahl, E. R., Ritson, D. M. & Amman, C. M. Reconstruction of century-scale temperature variations. Science 312, 529 (2006). Benutzt man die von Mann et al. entwickelte Methodik richtig, sind die Schätzfehler der Methode im Modelltest nur gering, siehe Mann, M. E., Rutherford, S., Wahl, E. & Amman, C. Testing the fidelity of methods used in proxy-based reconstructions of past climate. Journal of Climate 18, 4097–4107 (2005).
119. Wahl, E. R. & Ammann, C. M. Robustness of the Mann, Bradley, Hughes Reconstruction of Surface Temperatures: Examination of Criticisms Based on the Nature and Processing of Proxy Climate Evidence. Climatic Change 85, 33–69 (2007).
120. www.ipcc.ch
121. Der britische Chief Scientist, Sir David King, hat die drei genannten Fundamentaloptionen in einem brillanten Artikel mit dem Titel «Climate Change Science: Mitigate, Adapt or Ignore» (Science 303, 176–177 (2004)) diskutiert.
122. Zickfeld, K., Knopf, B., Petoukhov, V. & Schellnhuber, H.J. Is The Indian summer monsoon stable against global change? Geophysical Research Letters 32, L 15707 (2005).
123. Siehe z. B. Lomborg, B. (ed.). Global Crisis, Global Solutions (Cambridge University Press, Cambridge UK, 2004).
124. Rat der Europäischen Union. Pressemitteilung zur 1939. Ratssitzung Umwelt vom 25.6.1996, Nr. 8518/96 (1996).
125. Enquête-Kommission «Schutz der Erdatmosphäre» des Deutschen Bundestags (Hrsg.). Klimaänderung gefährdet globale Entwicklung. Zukunft sichern – jetzt handeln. Bonn-Karlsruhe (1992).
126. WBGU. Szenario zur Ableitung globaler CO_2-Reduktionsziele und Umsetzungsstrategien. Sondergutachten für die Bundesregierung. WBGU, Bremerhaven (1995).
127. WBGU. Über Kyoto hinaus denken – Klimaschutzstrategien für das 21. Jahrhundert. Sondergutachten für die Bundesregierung (WBGU, Berlin 2003).
128. Die wesentlichen Tagungsergebnisse sind in Schellnhuber, H. J. et al. (eds.). Avoiding Dangerous Climate Change (Cambridge University Press, Cambridge UK, 2006) zusammengefasst.
129. Siehe dazu den Übersichtsartikel von Pacala, S. W. et al. Consistent Land- and Atmosphere-Based U.S. Carbon Sink Estimates. Science 292, 2316–2320 (2001).
130. The Copenhagen Diagnosis: Updating the world on the latest Climate Science. J. Allison et al. Climate Change Research Center, Sydney (2009), S. 7.
131. UNFCCC. http://unfccc.int/ghg_data/items/4133.php
132. Peters, G. P., Minx, J. C., Weber, Ch. L. & Edenhofer, O. Growth in emission transfers via international trade from 1990 to 2008. Proceedings of the National Academy of Sciences (2011).
133. WBGU. Welt im Wandel – Energiewende zur Nachhaltigkeit. Springer, Berlin, Heidelberg (2003).

134. WBGU. Kassensturz für den Weltklimavertrag –Der Budgetansatz (WBGU, Berlin 2009).
135. WBGU. Gesellschaftsvertrag für eine Große Transformation (WBGU, Berlin 2011).
136. IPCC (Intergovernmental Panel on Climate Change). Special Report on Carbon Dioxide Capture and Storage. IPCC, Genf (2005).
137. Messner, S. & Schrattenholzer, L. MESSAGE-MACRO: Linking an Energy Supply Model with a Macroeconomic Module and Solving it Iteratively. Energy 25, 267–282 (2000).
138. Siehe z. B. Edenhofer, O., Bauer, N. & Kriegler, E. The Impact of Technological Change on Climate Protection and Welfare: Insights from the Model MIND. Ecological Economics 54, 277–292 (2005).
139. Edenhofer, O., Schellnhuber, H. J. & Bauer, N. Der Lohn des Mutes. Internationale Politik 59 (8), 29–38 (2004).
140. IPCC (Intergovernmental Panel on Climate Change). Climate Change 2007: Mitigation of Climate Change. Contribution of Working Group III to the Fourth Assessment Report (Cambridge University Press, Cambridge UK – New York, 2007).
141. Deutsche Physikalische Gesellschaft. Klimaschutz und Energieversorgung in Deutschland 1990–2020. DPG (2005).
142. Czisch, G. & Schmid, J. Low Cost but Totally Renewable Electricity Supply for a Huge Supply Area – a European/Transeuropean Example. www.iset.uni-kassel.de/abt/w3-w/projekte/WWEC2004.pdf
143. Siehe Edenhofer, O. et al. (eds.). Endogenous Technological Change and the Economics of Atmospheric Stabilisation. A Special Issue of The Energy Journal (2006).
144. Pacala, S. & Socolow, R. Stabilization Wedges: Solving the climate problem for the next 50 years with current technologies. Science 305, 968–972 (2004).
145. Hoffert, M. I. et al. Advanced technology paths to climate stability: Energy for a greenhouse planet. Science 298, 981–987 (2002).
146. Kemfert, C. The Economic Costs of Climate Change. Wochenberichte des DIW Berlin, Nr. 1/2005, 43–49 (2005).
147. Siehe etwa Stehr, N. & von Storch, H. Anpassung statt Klimapolitik: Was New Orleans lehrt. Frankfurter Allgemeine Zeitung, Ausgabe vom 21.9.2005, S. 41 (2005).
148. Siehe www.uea.ac.uk/lcic/cred
149. Fleming, D. Tradable Quotas: Using Information Technology to Cap National Carbon Emissions. European Environment 7, 139–148 (1997).
150. Für laufend aktualisierte Hintergrundinformationen siehe www.usmayors.org/climateprotection/revised/
151. siehe z. B. www.theclimategroup.org
152. Abb. 5.6 ist einem Artikel von David Keith entnommen, der 2001 zusammen mit dem renommierten Umweltwissenschaftler Steve Schneider von der Stanford University das Thema Erdsystemmanipulation diskutiert hat. Schneider, S. H. Earth systems engineering and management. Nature 409, 417–421 (2001); Keith, D. W. Geoengineering. Nature 409, 420 (2001).
153. Eine vorsichtig positive Bewertung dieser Technik findet sich bei Crutzen, P. J. Albedo Enhancement by Stratospheric Sulfur Injections: A Contribution to Resolve a Policy Dilemma? Climatic Change 77, 211–219 (2006).
154. Datenquelle: CDIAC, 2011.

Literaturempfehlungen

Richard B. Alley: The Two-Mile Time Machine (Princeton University Press, Princeton, New Jersey, 2002).
Jared Diamond: Kollaps. Warum Gesellschaften überleben oder untergehen (S. Fischer, Frankfurt, 2005).
Ross Gelbspan: Der Klima-Gau. Erdöl, Macht und Politik (Murmann Verlag, Hamburg, 1998).
John Houghton: Globale Erwärmung – Fakten, Gefahren und Lösungswege (Springer, Berlin, Heidelberg, 1997).
Intergovernmental Panel on Climate Change – IPCC: Climate Change 2007 (Cambridge University Press, Cambridge, 2007, www.ipcc.ch).
Mark Lynas: Sturmwarnung (Riemann Verlag, München, 2004).
Münchner Rück (Hrsg.): Wetterkatastrophen und Klimawandel – Sind wir noch zu retten? (pg Verlag, München, 2004, www.pg-verlag.de).
William F. Ruddiman: Earths Climate: Past and Future (Freeman, New York, 2001).
Hans Joachim Schellnhuber et al. (eds.): Avoiding Dangerous Climate Change (Cambridge University Press, Cambridge UK, 2006).
Wissenschaftlicher Beirat der Bundesregierung Globale Umweltveränderungen – WBGU: Welt im Wandel – Energiewende zur Nachhaltigkeit (Springer, Berlin, Heidelberg, 2003).
Spencer R. Weart: The Discovery of Global Warming (Harvard University Press, Harvard, 2004).

Sachregister

8k-Event 24, 26, 67
Aerosole 13, 39f., 45, 48, 134
Anpassung 90–96, 101, 120–127, 131, 134
Antarktis 10–12, 23, 43, 56, 63, 80
Antarktisches Meer-Eis 23, 61
Arktis 9, 41, 58f.
Arktisches Meer-Eis 38, 59, 76, 80

Atlantik(stromung) 24–26, 67–69, 71–74
Australien 93, 103f., 107, 117
Biodiversität 16f., 75f.
Biosphäre 33, 35, 48f., 105, 135
China 76, 108, 111, 118, 120
Dansgaard-Oeschger-Ereignisse 24f.
Dekarbonisierung 92, 127, 130

Deutschland 70, 79f., 83, 104f., 107f., 115
Dürre 35, 70, 74, 81
Eis 10–18, 22, 55, 57–59, 61–63
Eisbohrkern 10–12, 15, 26f., 33, 57
Eisschelf 10, 62f.
Eisschild 10f., 60–67
Eiszeit(en) 9, 12, 18, 21–25, 28, 30, 42–44, 51–53, 63f., 75
El-Niño 35, 79

Sachregister

Emissionshandel 104, 114, 119f., 128–130, 132
Energiebilanz 12f., 32, 59
Erdgas/-öl 33f., 104, 113f.
Europa/EU 49, 70, 74–76, 90, 99, 104, 106f., 115, 117, 123f.
FCKWs 35, 56
Flüsse 38, 55, 57, 74
Flut 70
Fossile Brennstoffe 29, 33, 52, 104, 110, 113f.
Gletscher 9f., 27, 38, 55–57, 61, 64–66
Grönland(-Eis) 10f., 24, 25, 60f., 64, 66, 68, 80
Großbritannien 63, 104f., 107, 127f., 130f.
Heinrich-Ereignisse 25
Hitzewelle 60, 70f., 79, 130
Hurrikane 71–74, 95f., 124–126
Iris-Effekt 51f.
Kanada 81, 98, 106
Keeling-Kurve 33
Kernenergie 71, 109f.
Klimarahmenkonvention 98, 102f., 122
Klimasensitivität 42–46, 48, 50–52, 66, 101, 109
Kohle 33f., 104
Kohlenstoff(kreislauf) 15–20, 24, 29, 34, 48, 53, 108, 110–112, 114f., 119, 134
Kohlenstoffspeicherung 110, 112, 114, 135
Kontinental-Eis 18, 21, 25, 62, 80
Kopenhagen 106, 122, 124, 130
Kosmische Strahlung 51
Kosten-Nutzen-Analyse 91, 95–99
Kyoto-Protokoll 87f., 102–108, 128f.

Landwirtschaft 25, 56f., 74, 78f., 92, 124
Larsen-B-Eisschelf 62f.
Marrakesch-Fonds 122
Meeresspiegel 38, 56, 61–66, 69, 80, 93, 96, 98, 121–123, 130, 135
Meeresströmungen 24f., 35, 61, 64, 67–69
Meerestemperaturen 37, 72f.
Meteoriten 19f., 47
Methan 11, 19, 31, 35, 103
Mikrowellenstrahlung 38
Milankovitch-Zyklen 21–23, 26
Mittelmeerraum 25, 76, 79, 107
Mitteltemperatur, globale 29, 51f., 54, 121
Monsun 26, 74, 94
Nachhaltigkeit 108–120, 131f.
Neuseeland 57, 75f.
New Orleans 95, 124
Niederschläge 11, 35, 54, 56f., 61, 68–70, 73f., 96f.
Nordatlantik(strom) 24f., 68f.
Ökosysteme 55f., 74–77, 81, 91, 98, 124
Ozeane 16f., 20, 23, 34f., 45, 48, 58f., 62, 69
Ozeanische Zirkulation 28, 56, 59
Ozonloch/-schicht 31, 35, 38, 56
Pazifik 35, 74
Permafrost 60, 80
Pinatubo 64, 77
Rio-Konferenz 98
Rückkopplung 22f., 36, 42f., 48, 51–53
Russland 104, 107, 115
Schnee 10f., 22, 25, 54, 60, 62

Sedimente 10, 12, 15f., 20, 27, 33, 75, 110
Sequestrierung 110–112, 114, 135
Snowball Earth 16
Solarthermie 115–117
Sonnenaktivität 27, 35, 39–41, 50f., 53
Sonneneinstrahlung 12–15, 21–23, 30–33, 41, 56
Strahlungsbilanz/-haushalt 13, 22, 30f., 35, 42, 51f.
Taifune 74, 125
Thermohaline Zirkulation 68, 72
Treibhauseffekt 15f., 19, 30–36, 41, 72, 103, 127, 134
Tropische Wirbelstürme 70–74, 81, 124f.
USA 26, 82–84, 87f., 103f., 106f., 111, 117, 123, 125, 128–130
Vereinte Nationen 87, 93, 98f., 106, 122f., 131
Vermeidung 90–96, 101, 124, 127, 130f., 133
Verursacherprinzip 121
Vulkane 15, 19, 39, 47, 134
Wald(brände) 35, 52, 55, 60, 74–76, 106
Warmzeit(en) 9, 18f., 21–26, 52, 63, 75
Wasserdampf 14, 31, 35f., 42, 73
Wasserkraft 112, 115f.
Wassermangel 78
Wetterextreme 54, 56, 70–74, 124
Windkraft 112, 115f.
Wolken 35, 42f., 50
Wostok-Eiskern 11f., 23, 43
Wüste 9, 26
Zirkumpolarstrom 67